U0287368

■ 宁波植物丛书 ■

丛书主编　李根有　陈征海　李修鹏

宁波植物图鉴

第二卷

闫道良　夏国华　李修鹏 等　编著

科学出版社

北　京

内 容 简 介

本卷记载了宁波地区野生和习见栽培的被子植物（紫茉莉科—豆科）29 科 202 属 456 种（含 3 杂交种）15 亚种 55 变种 6 变型 1 品种群 29 品种，每种植物均配有特征图片，同时有中文名、学名、属名、形态特征、分布与生境、主要用途等文字说明。

本书可供从事生物多样性保护、植物资源开发利用等工作的技术人员、经营管理者，以及林业、园林、生态、环保、中医药、旅游等专业的师生及植物爱好者参考。

图书在版编目（CIP）数据

宁波植物图鉴．第二卷 / 闫道良等编著．—北京：科学出版社，2022.1
（宁波植物丛书 / 李根有，陈征海，李修鹏主编）
ISBN 978-7-03-070933-2

Ⅰ．①宁…　Ⅱ．①闫…　Ⅲ．①植物－宁波－图集　Ⅳ．① Q948.525.53-64

中国版本图书馆 CIP 数据核字（2021）第258166号

责任编辑：张会格　白　雪　刘　晶 / 责任校对：严　娜
责任印制：肖　兴 / 封面设计：刘新新

科学出版社 出版
北京东黄城根北街16号
邮政编码：100717
http://www.sciencep.com

北京汇瑞嘉合文化发展有限公司 印刷
科学出版社发行　各地新华书店经销

*

2022年 1 月第　一　版　开本：889 × 1194　1/16
2022年 1 月第　一　版　印张：31
字数：999 000

定价：498.00 元

（如有印装质量问题，我社负责调换）

“宁波植物丛书”编委会

主要外业调查人员

综合组（全市）：李根有（组长） 李修鹏 章建红 林海伦 陈煜初 傅晓强

浙江省森林资源监测中心组（滨海及四明山区域为主）：陈征海（组长） 陈 锋 张芬耀 谢文远 朱振贤 宋 盛

第一组（象山、余姚）：马丹丹（组长） 吴家森 张幼法 杨紫峰 何立平 陈开超 沈立铭

第二组（宁海、北仑）：金水虎（组长） 冯家浩 何贤平 汪梅蓉 李宏辉

第三组（奉化、慈溪）：闫道良（组长） 夏国华 徐绍清 周和锋 陈云奇 应富华

第四组（鄞州、镇海、江北）：叶喜阳（组长） 钟泰林 袁冬明 严春风 赵 绮 徐 伟 何 容

其他参加调查人员

宁波市林业局等单位人员（以拼音为序）

蔡建明 柴春燕 陈芳平 陈荣锋 陈亚丹 崔广元 董建国 范国明 范林洁 房聪玲
冯灼华 葛民轩 顾国琪 顾贤可 何一波 洪丹丹 洪增米 胡聚群 华建荣 皇甫伟国
黄 杨 黄士文 黄伟军 江建华 江建平 江龙表 赖明慧 李东宾 李金朝 李璐芳
林 宁 林建勋 林乐静 林于倢 娄厚岳 陆志敏 毛国尧 苗国丽 钱志潮 邱宝财
仇靖少 裘贤龙 沈 颖 沈生初 汤社平 汪科继 王立如 王利平 王良衍 王卫兵
吴绍荣 向继云 肖玲亚 谢国权 熊小平 徐 敏 徐德云 徐明星 杨荣曦 杨媛媛
姚崇巍 姚凤鸣 尹 盼 余敏芬 余正安 俞雷民 曾余力 张 宁 张富杰 张冠生
张雷凡 郑云晓 周纪明 周新余 朱杰旦

浙江农林大学学生（以拼音为序）

柴晓娟 陈 岱 陈 斯 陈佳泽 陈建波 陈云奇 程 莹 代英超 戴金达 付张帅
龚科铭 郭玮龙 胡国伟 胡越锦 黄 仁 黄晓灯 江永斌 姜 楠 金梦园 库伟鹏
赖文敏 李朝会 李家辉 李智炫 郦 元 林亚茹 刘彬彬 刘建强 刘名香 陆云峰
马 凯 潘君祥 裴天宏 邱迷迷 任燕燕 邵于豪 盛千凌 史中正 苏 燕 童 亮
王 辉 王 杰 王俊荣 王丽敏 王肖婷 吴欢欢 吴建峰 吴林军 吴舒昂 徐菊芳
徐路遥 许济南 许平源 严彩霞 严恒辰 杨程瀚 俞狄虎 臧 毅 臧月梅 张 帆
张 青 张 通 张 伟 张 云 郑才富 朱 弘 朱 健 朱 康 竺恩栋

《宁波植物图鉴》（第二卷）编写组

主要编著者
闫道良　夏国华　李修鹏

其他编著者（按姓氏笔画排序）
马丹丹　卞正平　冯家浩　刘　军　沈　波　徐沁怡　徐绍清
张幼法　张芬耀　陆云峰　黄增芳　章建红　谢文远

审 稿 者
李根有　陈征海

摄 影 者（按提供照片多少排序）
马丹丹　李根有　陈征海　林海伦　叶喜阳　张芬耀
李修鹏　徐绍清　刘　军　谢文远　闫道良　陈煜初
张幼法　冯家浩　王军峰　钟建平　曹基武　马丽萍
吴兵甫　王开荣　崔萌萌　黄芸萍　胡冬平

主编单位
浙江农林大学　宁波市林场（宁波市林业技术服务中心）

参编单位
浙江农林大学暨阳学院　浙江省森林资源监测中心
宁波市林业局

作者简介

闫道良
博士，副教授

闫道良，男，1975年11月出生，安徽宿州人。2008年6月毕业于南京大学生物学专业，获博士学位。现就职于浙江农林大学林业与生物技术学院。主要从事植物资源开发利用等相关教学与科研工作。先后主持或参与完成国家自然科学基金项目、省部级科研项目20余项，主编或参编专著10余部，发表学术论文50余篇。获各类科技成果奖励4项，以及浙江省、浙江农林大学多项优秀教学荣誉。

夏国华
高级实验师

夏国华，男，1980年11月出生，浙江富阳人。2003年6月毕业于浙江林学院林学专业，获农学学士学位；2006年6月毕业于南京林业大学植物学专业，获理学硕士学位。现就职于浙江农林大学亚热带森林培育重点实验室。主要从事珍稀濒危植物保育与山核桃种质资源开发利用研究。先后主持完成国家自然科学基金项目、浙江省自然科学基金项目、浙江省科技厅科技援助项目、中央财政林业科技推广示范资金项目、国家林业局植物新品种测试指南专项等省部级以上项目8项，发表学术论文60余篇（其中SCI收录7篇），发现并命名植物新物种7个，审定林木良种4个，获国家发明专利3件，主编或参编专著6部。获科技成果奖励10余项，其中国家科学技术进步奖二等奖1项（10/10）、浙江省科学技术奖二等奖2项（3/9、5/9）、梁希林业科学技术奖二等奖2项（6/10、9/10）。

李修鹏
正高级工程师

李修鹏，男，1970年7月出生，浙江宁海人。1992年7月毕业于浙江林学院森林保护专业，2003年12月毕业于北京林业大学农业推广（林科）专业。现任职于宁波市林场（宁波市林业技术服务中心），兼任浙江省林学会森林生态专业委员会常委、宁波市林业园艺学会副理事长兼秘书长。长期从事林木引种驯化、林业种苗和营林技术研究与推广工作。先后主持或主要参加并完成省、市重大科技专项及重大（重点）科技攻关项目20余项，发表学术论文50余篇，参编著作6部，制订行业及省、市地方标准9项，获发明专利8件。获市级以上科技成果奖励20余项次，其中林业部科技进步奖三等奖1项，浙江省科学技术奖三等奖3项，梁希林业科学技术奖二等奖、三等奖各2项，以及全国绿化奖章、浙江省农业科技成果转化推广奖、浙江省“千村示范、万村整治”工程和美丽浙江建设个人三等功、浙江省林业技术推广突出贡献个人、第九届宁波市青年科技奖、宁波市最美林业人等荣誉称号。入选宁波市领军和拔尖人才培养工程第一层次培养人选。

丛书序

植物是大自然中最无私的“生产者”，它不但为人类提供粮油果蔬食品、竹木用材、茶饮药材、森林景观等有形的生产和生活资料，还通过光合作用、枝叶截留、叶面吸附、根系固持等方式，发挥固碳释氧、涵养水源、保持水土、调节气候、滞尘降噪、康养保健等多种生态功能，为人类提供了不可或缺的无形生态产品，保障人类的生存安全。可以说，植物是自然生态系统中最核心的绿色基石，是生物多样性和生态系统多样性的基础，是国家重要的基础战略资源，也是农林业生产力发展的基础性和战略性资源，直接制约与人类生存息息相关的资源质量、环境质量、生态建设质量及生物经济时代的社会发展质量。

宁波地处我国海岸线中段，是河姆渡文化的发源地、我国副省级市、计划单列市、长三角南翼经济中心、东亚文化之都和世界级港口城市，拥有“国家历史文化名城”“中国文明城市”“中国最具幸福感城市”“中国综合改革试点城市”“中国院士之乡”“国家园林城市”“国家森林城市”等众多国家级名片。境内气候优越，地形复杂，地貌多样，为众多植物的孕育和生长提供了良好的自然条件。据资料记载，自19世纪以来，先后有R. Fortune、W. M. Cooper、F. B. Forbes、W. Hancock、E. Faber、H. Migo等31位外国人，以及钟观光、张之铭、秦仁昌、耿以礼等众多国内著名植物专家来宁波采集过植物标本，宁波有幸成为大量植物物种的模式标本产地。但在新中国成立后，很多人都认为宁波人口密度高、森林开发早、干扰强度大、生境较单一、自然植被差，从主观上推断宁波的植物资源也必然贫乏，在调查工作中就极少关注宁波的植物资源，导致在本次调查之前从未对宁波植物资源进行过一次全面、系统、深入的调查研究。《浙江植物志》中记载宁波有分布的原生植物还不到1000种，宁波境内究竟有多少种植物一直是个未知数。家底不清，资源不明，不但与宁波发达的经济地位极不相称，而且严重制约了全市植物资源的保护与利用工作。

自2012年开始，在宁波市政府、宁波市财政局和各县（市、区）的大力支持下，宁波市林业局联合浙江农林大学、浙江省森林资源监测中心等单位，历经6年多的艰苦努力，首次对全市的植物资源开展了全面深入的调查与研究，查明全市共有野生、归化及露地常见栽培的维管植物214科1173属3256种（含540个种下等级：包括257变种、39亚种、44变型、200品种）。其中蕨类植物39科79属191种，裸子植物9科32属89种，被子植物166科1062属2976种；野生植物191科847属2183种，栽培及归化植物23科326属1073种（以上数据均含种下等级）。调查中还发现了不少植物新分类群和省级以上地理分布新记录物种，调查成果向世人全面、清晰地展示了宁波境内植物种质资源的丰富度和特殊性。在此基础上，项目组精心编著了“宁波植物丛书”，对全市维管植物资源的种类组成、区域分布、区系特征、资源保护与开发利用等方面进行了系统阐述，同时还以专题形式介绍了宁波的珍稀植物和滨海植物。丛书内容丰富、图文并茂，是一套系统、详尽展示我市维管植物资源全貌和调查研究进展的学术丛书，既具严谨的科学性，又有较强的科普性。丛书的出版，必将为我市植物资源的保护与利用提供重要的决策依据，并产生深远的影响。

值此“宁波植物丛书”出版之际，谨作此序以示祝贺，并借此对全体编著者、外业调查者及所有为该项目提供技术指导、帮助人员的辛勤付出表示衷心感谢！

宁波市林业局局长 许义平

2018年5月25日

前言

《宁波植物图鉴》是宁波植物资源调查研究工作的主要成果之一，由全体作者历经7年多编著而成。

本套图鉴科的排序，蕨类植物采用秦仁昌分类系统，裸子植物采用郑万钧分类系统，被子植物按照恩格勒分类系统。

各科首页页脚列出了该科在宁波有野生、栽培或归化的属、种及种下分类等级的数量。属与主种则按照学名的字母进行排序。

原生主种（含长期栽培的物种）的描述内容包括中文名、学名、属名、形态特征、分布与生境、主要用途等，并配有原色图片；归化或引种主种的描述内容为中文名、学名、属名、形态特征、地理分布、宁波分布区和生境（栽培种不写）、主要用途等，并配有原色图片；为节省文字篇幅，选取部分与主种形态特征或分类地位相近的物种（包括种下分类群、同属或不同属植物）作为附种进行简要描述。

市内分布区用“见于……”表示，省内分布区用“产于……”表示，省外分布区用“分布于……”表示，国外分布区用“……也有”表示。

本图鉴所指宁波的分布区域共分10个，具体包括：慈溪市（含杭州湾新区），余姚市（含宁波市林场四明山林区、仰天湖林区、黄海田林区、灵溪林区），镇海区（含宁波国家高新区甬江北岸区域），江北区，北仑区（含大榭开发区、梅山保税港区），鄞州区（2016年行政区划调整之前的地理区域范围，含东钱湖旅游度假区、宁波市林场周公宅林区），奉化区（含宁波市林场商量岗林区），宁海县，象山县，市区（含2016年行政区域调整之前的海曙区、江东区及宁波国家高新区甬江南岸区域）。

为方便读者查阅及避免混乱，书中植物的中文名原则上采用《浙江植物志》的叫法，别名则主要采用通用名、宁波或浙江代表性地方名及《中国植物志》、*Flora of China* 所采用的与《浙江植物志》不同的中文名；学名主要依据 *Flora of China*、《中国植物志》等权威专著，同时经认真考证也采用了一些最新的文献资料。

本套图鉴共分五卷，各卷收录范围为：第一卷［蕨类植物、裸子植物、被子植物（木麻黄科—苋科）］、第二卷（紫茉莉科—豆科）、第三卷（酢浆草科—山茱萸科）、第四卷（山柳科—菊科）、第五卷（香蒲科—兰科）。每卷图鉴后面均附有本卷收录植物的中文名（含别名）及学名索引。

本卷为《宁波植物图鉴》的第二卷，共收录植物29科202属456种（含3杂交种）15亚种55变种6变型1品种群29品种，共计562个分类群，占《宁波维管植物名录》该部分总数的88.23%；其中归化植物14种（含种下等级，下同），栽培植物164种；作为主种收录354种，作为附种收录208种。

本卷图鉴的顺利完成，既是卷编写人员集体劳动的结晶，更与项目组全体人员的共同努力密不可分。本书从外业调查到成书出版，先后得到了宁波市和各县（市、区）及乡镇（街道）林业部门、宁波市药品检验所主任中药师林海伦先生、杭州天景水生植物园主任陈煜初先生、华中林业科技大学曹基武教授、华东药用植物园王军峰先生等单位和个人的大力支持与指导，在此一并致以诚挚谢意！

由于编著者水平有限，加上工作任务繁重、编撰时间较短，书中定有不足之处，敬请读者不吝批评指正。

编著者

2021年1月11日

目录

一 紫茉莉科 Nyctaginaceae*

001 光叶子花 三角梅

学名 **Bougainvillea glabra** Choisy　　属名 叶子花属

形态特征 藤状灌木。茎粗壮，分枝下垂，近无毛或疏生短柔毛，具长5～12mm的腋生下弯锐刺。叶互生；叶片纸质，卵状披针形或卵形，5～10cm×3～5.5cm，先端渐尖至长渐尖，基部楔形，全缘，上面几无毛，下面疏被短柔毛。花3朵簇生于3枚苞片内；苞片叶状，长圆形或椭圆形，长成时与花几等长，具脉，颜色因品种而异，多呈红色至紫红色，花小，花被管长2～3cm，疏被微毛，有棱，顶端5浅裂。花期3—7月，果未见。

地理分布 原产于巴西。全市各地有栽培。

主要用途 叶状苞片色彩艳丽，供观赏。喜温暖湿润、阳光充足的环境，不耐寒。

附种 **叶子花** ***B. spectabilis***，叶与花被管均密生柔毛；苞片椭圆状卵形，长成时较花长。原产于巴西。慈溪及市区有栽培。

* 宁波有2属3种，其中栽培2种，归化1种。本图鉴全部予以收录。

叶子花

紫茉莉

学名 **Mirabilis jalapa** Linn. 属名 紫茉莉属

形态特征 草本，高可达 1m。茎直立，多分枝，节稍膨大。叶对生；叶片卵形或卵状三角形，4～12cm×2.5～7cm，先端渐尖，基部截形或心形，全缘。常 3～6 花聚伞状簇生于枝端，基部具萼片状总苞；花冠漏斗状，筒部长 4～6cm，顶部开展，5 裂，直径约 2.5cm，紫红色、粉红色、红色、黄色、白色或杂色。瘦果近球形，熟时黑色，具纵棱和网状纹理，形似地雷状。花果期 7—10 月。

地理分布 原产于热带美洲。宁波各地均有栽培或归化；生于村边、路旁。

主要用途 花颜色丰富、优美悦目，可供观赏；根、叶药用，具清热解毒、活血消肿等功效。

二 商陆科 Phytolaccaceae*

003 商陆 野人参

学名 **Phytolacca acinosa** Roxb. 属名 商陆属

形态特征 多年生草本，高1～1.5m，全株无毛。根肥大，肉质。茎直立，圆柱形，具纵沟，绿色或带紫红色。叶互生；叶片薄纸质或近于膜质，卵状椭圆形或长椭圆形，10～30cm×5～12cm，先端急尖或渐尖，基部渐狭长；叶柄长1.5～3cm。总状花序顶生或与叶对生，直立，总花梗长2～4cm；雄蕊8(10)，心皮离生。浆果，熟时紫黑色，扁球形，直径6～8mm；果序直立。种子黑褐色，平滑，具3棱，略有光泽。花果期6—9月。

分布与生境 见于北仑、鄞州、象山等地；生于山坡疏林、灌丛中或荒地。产于全省山区、半山区；我国除宁夏、青海、新疆外均有分布；朝鲜半岛及日本、印度也有。

主要用途 根药用，具逐水、利尿、消肿等功效；浆果可作染料。

附种 浙江商陆 ***Ph. zhejiangensis***，总花梗长0.3～1(2)cm；雄蕊(12)14～16(17)；心皮合生；种子暗黑色，表面具纤细的同心条纹（在放大镜下）。产于奉化；生于山坡疏林下、林缘路旁或沟谷草丛中。

* 宁波有1属3种，其中归化1种。本图鉴全部予以收录。

浙江商陆

004 美洲商陆 垂序商陆 十蕊商陆

学名 **Phytolacca americana** Linn. 属名 商陆属

形态特征 多年生草本，高1～1.5m。根肥大，肉质。茎直立，通常带紫红色，中部以上多分枝。叶互生；叶片纸质，卵状长椭圆形或长椭圆状披针形，9～18cm×5～10cm，先端急尖或渐尖，基部楔形；叶柄长3～4cm。花序总状，有时在花序基部有少量小聚伞花序而呈圆锥状，顶生或与叶对生，弯垂，总花梗长5～10cm；雄蕊通常10；心皮合生。浆果扁球形，直径7～8mm，熟时紫黑色；果序明显下垂。种子黑褐色，表面平滑、光亮。花果期6—10月。

地理分布 原产于北美洲。宁波各地常见归化；生于山麓林缘、路旁、溪边及村旁。

主要用途 根入药，具止咳、利尿、消肿之功效；入侵植物。

三 番杏科 Aizoaceae*

005 心叶日中花

学名 **Aptenia cordifolia** (Linn. f.) Schwantes 属名 日中花属

形态特征 多年生常绿草本。茎斜卧，铺散，稍带肉质。叶对生；叶片心状卵形，扁平，1～2cm×1cm，先端急尖或圆钝，具突尖头，基部圆形，全缘；叶柄长3～6mm。花单朵顶生或腋生；花梗长1.2cm；花萼长8mm，裂片4，2大2小，宿存；花瓣多数，红紫色，匙形，长约1cm；花柱无，柱头4裂。蒴果肉质，星状4瓣裂；种子多数。花期7—8月。

地理分布 原产于非洲南部。慈溪、北仑、鄞州、奉化、宁海、象山有栽培。

主要用途 供观赏。

＊宁波有4属4种，其中栽培2种。本图鉴收录3属3种，其中栽培1种。

006 粟米草

学名 **Mollugo stricta** Linn. **属名** 粟米草属

形态特征 一年生草本，高10～30cm。全体无毛。茎多分枝，披散。基生叶莲座状，长圆状披针形至匙形，1.5～3.5cm×2～7mm；茎生叶常3～5假轮生，或对生，披针形或条状披针形，先端急尖或渐尖，基部渐狭成短柄。花小，黄褐色，排成顶生或与叶对生的二歧聚伞花序；萼片5，边缘膜质，宿存；花瓣缺。蒴果卵球形或近球形，长约2mm，3瓣裂。花果期7—9月。

分布与生境 见于全市各地；生于山野路旁、田埂边及菜园。产于全省各地；分布于华东、华中、华南、西南及陕西等地；日本、印度、斯里兰卡、马来西亚也有。

主要用途 全草药用，具清热解毒、收敛等功效。

007 番杏 法国菠菜

学名 **Tetragonia tetragonioides** (Pall.) Kuntze　属名 番杏属

形态特征　一年生肉质草本，高达 60cm。全体无毛。茎粗壮，从基部分枝，初直立，后平卧上升；表皮细胞内有针状结晶体，呈颗粒状突起。叶互生；叶片卵状菱形或卵状三角形，4～8cm×3～5cm，先端钝或急尖，基部收缩成较宽的叶柄，全缘或略呈波状。花单生或 2、3 朵簇生叶腋，近无梗；花萼 4 或 5 裂，内面黄绿色。坚果陀螺形，骨质，具钝棱，有 4 或 5 角状突起，花被宿存。花果期 8—10 月。

分布与生境　见于北仑、鄞州、象山；生于海滨沙滩、砂砾质或砾石质海滩高潮线附近的滩地、岩石旁。产于舟山、台州、温州沿海各县（市、区）；分布于华东及广东、云南；日本及亚洲南部、大洋洲、南美洲也有。

主要用途　嫩叶可作野菜；也可药用，具清热解毒、祛风消肿等功效。

四 马齿苋科 Portulacaceae*

008 大花马齿苋 半支莲 太阳花

学名 **Portulaca grandiflora** Hook. 属名 马齿苋属

形态特征 一年生肉质草本，高10～25cm。茎细圆，直立或斜升，有分枝，通常稍带紫红色。叶密集于茎端，不规则互生；叶片细圆柱形，1～2.5cm×2～3mm，先端圆钝；叶柄极短，叶腋常生一撮白色长柔毛。花大，单生或数朵簇生茎顶，直径2.5～4cm，基部具8～9枚轮生的叶状苞片；花瓣5或重瓣，倒卵形，先端微凹，有红色、紫色、黄色、白色等；花通常昼开夜闭。蒴果盖裂。花期5—8月，果期8—10月。

地理分布 原产于巴西。全市各地公园、花圃及家庭常见栽培。

主要用途 花大色艳，供观赏；全草药用，具散淤止血、清热、解毒、消肿等功效。

附种 **环翅马齿苋 *P. umbraticola***，叶片扁平，椭圆形至倒卵形；花单生茎顶；果实基部有环翅。全市各地有栽培。

环翅马齿苋

* 宁波有2属4种，其中栽培2种，归化1种。本图鉴全部予以收录。

009 马齿苋 酱瓣草 酸菜

学名 **Portulaca oleracea** Linn. 属名 马齿苋属

形态特征 一年生肉质草本。全株光滑无毛。茎多分枝，平卧或斜升。叶互生，有时近对生；叶片扁平，倒卵形或楔状长圆形，1～2.5cm×0.6～1.5cm，先端圆钝或截形，基部楔形，全缘；叶柄粗短。花3～5朵簇生茎端，午时盛开，直径4～5mm，无梗；花瓣黄色，倒卵状长圆形，先端微凹。蒴果卵球形，长约5mm，盖裂。花期6—8月，果期7—9月。

分布与生境 见于全市各地；生于田间、菜园及路旁，为常见杂草。产于全省各地；我国除高原地区外均有分布；广布于全世界的温带和热带地区。

主要用途 全草药用，具清热解毒、消炎、止咳、利尿等功效；嫩茎可作野菜，味酸。

010 土人参 栌兰 野东洋参

学名 **Talinum paniculatum** (Jacq.) Gaertn.　　**属名** 土人参属

形态特征 多年生肉质草本，高达80cm；全株无毛。根粗壮圆锥形，分枝，形如人参，皮棕褐色，断面乳白色。茎圆柱形，绿色，多分枝。叶互生或近对生，叶片倒卵形或倒卵状长椭圆形，5～7cm×2～3.5cm，先端圆钝或急尖，基部渐狭成柄，全缘，光滑。圆锥花序顶生或侧生，常二叉状分枝，具长花序梗；花淡红色或淡紫红色，直径约6mm。蒴果近球形，直径约3mm，3瓣裂。花期5—8月，果期9—10月。

地理分布 原产于美洲。全市各地有归化；常生于村宅旁的路边、石缝、山麓岩石旁。

主要用途 根药用，具强壮滋补等功效。

五 落葵科 Basellaceae*

011 落葵 木耳菜

学名 **Basella alba** Linn. 属名 落葵属

形态特征 一年生肉质草本。全株光滑无毛。茎缠绕，绿色或紫红色，有分枝和珠芽。叶片卵形或近圆形，3～12cm×3～10cm，先端急尖，基部微心形或圆形，全缘；叶柄长1～2cm。穗状花序腋生，长5～20cm；花小，无梗；花被片5，淡红色或淡紫色，基部近白色，连合成短管状，花期几不开张；花丝在花蕾中直立。浆果状核果卵球形，长5～6mm，为宿存小苞片和花被所包围，熟时暗紫色。夏、秋开花，花期长。

地理分布 原产于亚洲热带地区。全市各地均有栽培，常逸生。

主要用途 常见蔬菜，叶和嫩茎肥厚而滑爽；全草药用，具清热凉血、润肠通便等功效。

* 宁波有2属2种，均为栽培。本图鉴全部予以收录。

012 细枝落葵薯

学名 **Anredera cordifolia** (Tenore) Steen.　　**属名** 落葵薯属

形态特征　多年生缠绕草本。具肉质根状茎。老茎灰褐色，皮孔外突，幼茎带紫红色，叶腋常具珠芽。叶片稍肉质，宽卵圆形至卵状披针形，2～6cm×1.5～4.5cm，先端急尖或钝，基部心形至近圆形，全缘；叶柄长5～9mm。总状花序顶生或腋生，多花；花序轴纤细，下垂，长7～25cm；花小，具短梗；花被片薄，5深裂，白色渐变黑色，花时开张；花丝在花蕾中反折。果未见。花期6—10月。

地理分布　原产于美洲热带地区。鄞州、宁海、象山等地有栽培。

主要用途　根、珠芽及嫩叶可食；根状茎和珠芽入药，具滋补、清热解毒、消肿止痛等功效。

六　石竹科 Caryophyllaceae*

013 蚤缀 无心菜

学名 **Arenaria serpyllifolia** Linn.　　属名 蚤缀属（无心菜属）

形态特征　一年或二年生小草本，高10～20cm。全株具白色短柔毛。茎丛生，多分枝，基部常匍匐。叶片卵形或倒卵形，3～7mm×2～4mm，先端急尖，基部近圆形，具缘毛，两面疏生柔毛及细乳头状腺点；无柄。聚伞花序疏生茎端；苞片、小苞片叶状；花梗纤细，密生柔毛及腺毛；萼片5，卵状披针形，具明显3脉，边缘膜质；花瓣5，倒卵形，白色，顶端圆钝，短于萼片。蒴果卵球形，稍长于宿萼，熟时先端6裂。花期4—5月，果期5—6月。

分布与生境　见于全市各地；生于路旁荒地、山坡草丛以及田野中。产于全省各地；分布于全国各地；广布于温带欧洲、北非、亚洲、北美洲。

主要用途　全草药用，具清热解毒、明目等功效。

* 宁波有12属27种2变种1变型，其中栽培6种，归化1种。本图鉴收录10属21种2变种1变型，其中栽培1种，归化1种。

014 球序卷耳

学名 **Cerastium glomeratum** Thuill.　　**属名** 卷耳属

形态特征　一年生草本，高 10～25cm。茎直立，丛生。全株密被白色长柔毛，茎上部混生腺毛。茎下部叶片倒卵状匙形，基部渐狭成短柄，略抱茎；上部叶片卵形至长圆形，1～2cm×5～12mm，近无柄，全缘，两面密生柔毛。二歧聚伞花序簇生茎端，幼时密集成球状；花梗、萼片密生长腺毛；花梗纤细，长 1～3mm，花后伸长；花瓣 5，白色，2 浅裂至 1/4 处，稍长于萼片。蒴果圆柱形，长超过宿萼近 1 倍，先端 10 齿裂。花期 4 月，果期 5 月。

分布与生境　见于全市各地；生于路边荒地、田野及山坡草丛中。产于全省各地；分布于华东、华中及云南、西藏；俄罗斯、印度也有。

附种　**簇生卷耳 *C. holosteoides***，叶片狭卵形至狭卵状长圆形；花梗长 0.5～1cm 或更长，花后下垂；花瓣短于萼片或近等长。见于余姚、鄞州、宁海等地；生于林缘、田边路旁。

簇生卷耳

015 石竹

学名 **Dianthus chinensis** Linn. 属名 石竹属

形态特征 多年生草本，高25～75cm。全株无毛，带粉绿色；茎下部匍匐，上部斜升或直立，丛生。叶对生；叶片条形或披针形，3～7cm×4～8mm，先端渐尖，基部渐狭成短鞘包围茎节，全缘或有细锯齿，具3脉，主脉明显。花单生或数朵组成疏散的聚伞花序；萼筒圆筒形，长1.5～2.5cm，萼齿5，披针形；花瓣5，红色或粉红色，喉部具深紫色斑纹，先端具细齿，基部有长瓣柄。蒴果圆筒形，比宿萼长或等长，熟时顶端4齿裂；种子边缘有狭翅。花期5—11月，果期8—12月。

分布与生境 见于慈溪、镇海、北仑、象山；生于海岛或滨海山地岩坡、沙滩草丛中；全市各地均有栽培。产于舟山、台州、温州的部分岛屿；分布于华北；东北亚也有；国内外广泛栽培并有较多品种。

主要用途 著名观赏花卉。为本次调查发现的华东分布新记录植物。

附种1 白花石竹 form. ***albiflora***，花白色。见于象山（积谷山）；生于岩质海岸潮上带附近草丛中。为本次调查发现的华东分布新记录植物。

附种2 常夏石竹 ***D. plumarius***，茎、叶有白粉；萼齿短而宽，具突尖；花芳香，花瓣先端流苏状细裂；蒴果圆锥形，短于宿萼。原产于欧洲至西伯利亚。全市各地公园、庭院常见栽培。

白花石竹

常夏石竹

016 长萼瞿麦

学名 **Dianthus longicalyx** Miq.　　属名 石竹属

形态特征　多年生草本，高40～65cm。茎单一，直立，光滑无毛，基部稍木质化，上部二歧分枝。叶片条状披针形，5～10cm×5～8mm，先端尖，基部渐窄成短鞘围抱茎节，全缘，两面无毛，中脉明显。花淡紫红色，2～10朵集成顶生或腋生的聚伞花序；萼筒圆筒形，绿色，长3～4cm，顶端5齿裂；花瓣先端深裂呈条状小裂片，基部具长瓣柄。蒴果圆筒形，稍短于宿萼，熟时顶端4齿裂。种子边缘有宽翅。花期5—8月，果期7—9月。

分布与生境　见于除市区外全市各地；生于山坡林中、路旁草地。产于湖州、杭州等地；分布于东北、华北、华南、西南；东北亚也有。

主要用途　花美丽，可供观赏。

017 剪夏罗

学名 **Lychnis coronata** Thunb. 属名 剪秋罗属

形态特征 多年生草本，高50～90cm。全株光滑无毛。根状茎竹节状；茎丛生，直立，近方形，稍分枝，节部膨大。叶对生；叶片卵状椭圆形，5～13cm×2～5cm，先端渐尖，基部渐狭，边缘具细锯齿，两面无毛；无柄。花橙红色，1～5朵排成顶生或腋生的聚伞花序；花萼长筒形；花瓣5，宽倒卵形，先端具不规则浅裂，呈锯齿状，基部狭窄成瓣柄。蒴果顶端5齿裂。花期5—7月，果期7—8月。

分布与生境 见于余姚、北仑、鄞州、奉化、宁海；生于林缘路旁或草丛中。产于杭州及德清、天台等地；分布于华东。

主要用途 为优良观赏花卉；根状茎药用，具消炎、镇痛、解热等功效。

附种 **剪秋罗**（剪红纱花）***L. senno***，全株密被细柔毛；茎单生，不分枝，稀上部分枝；叶片卵状披针形或卵状长圆形，4～10cm×2～4cm，边缘具缘毛；花橙色，先端2深裂，两裂片又不规则条裂。见于余姚、鄞州、奉化、宁海、象山；生于低山林下或山谷沟旁草地阴湿处。

剪秋罗

018 牛繁缕 鹅肠菜

学名 **Myosoton aquaticum** (Linn.) Moench 属名 牛繁缕属

形态特征 多年生草本，长20～80cm。茎有棱，带紫红色，基部常匍匐，几无毛，上部渐直立，具白色短柔毛。基生叶小，叶片卵状心形，具明显叶柄；上部叶片椭圆状卵形或宽卵形，1～4cm×0.5～2cm，先端渐尖，基部稍抱茎。花单生叶腋或多朵排成顶生的二歧聚伞花序；花梗长1～2cm，花后下垂；花瓣5，白色，2深裂几达基部，裂片稍短于萼；花柱5。蒴果卵球形或椭球形，长于宿萼，熟时5瓣裂。花期4—5月，果期5—6月。

分布与生境 见于全市各地；生于荒地、路旁及沟边阴湿处。产于全省各地；全国广布；世界温带、亚热带地区也有。

019 孩儿参 太子参

学名 **Pseudostellaria heterophylla** (Miq.) Pax 属名 孩儿参属

形态特征 多年生草本，高 15～20cm。块根纺锤形，肉质。茎直立，常单生，基部带紫色，近四方形，具 2 列白色短柔毛。茎中下部叶对生，叶片倒披针形，先端钝尖，基部渐狭，呈长柄状；茎端常 4 叶交互对生成“十”字排列，叶片卵状披针形至长卵形，3～6cm×1～3cm，先端渐尖，基部宽楔形。花 2 型，均腋生，茎下部的花较小，为闭锁花，通常无花瓣；顶部的花较大，花瓣 5，白色，倒卵形，与萼片近等长，先端 2 或 3 浅齿裂。蒴果卵球形。花期 3—4 月，果期 5—6 月。

分布与生境 见于余姚、北仑、鄞州、奉化、宁海、象山；生于阴湿的山坡及石隙中。产于全省山区；分布于东北、华北、华中、西北等地。

主要用途 浙江省重点保护野生植物。块根药用，中药名“太子参”，具补肺阴、健脾胃等功效。

020 漆姑草

学名 **Sagina japonica** (Sw.) Ohwi　**属名** 漆姑草属

形态特征　一年或二年生小草本，高 5～15cm。茎自基部分枝，丛生状，稍铺散。叶对生；叶片条形，5～20mm×0.8～1.5mm，基部膜质，连成短鞘状，具 1 脉，无毛。花小，腋生于茎端；花梗细长，直立，疏生腺毛；萼片 5，卵形至长圆形，边缘膜质，外面疏生腺毛；花瓣 5，白色，卵形，全缘，稍短于萼片。蒴果宽卵球形，常 5 瓣裂。花期 4—5 月，果期 5—6 月。

分布与生境　见于全市各地；生于田间、路旁、水塘边及阴湿的山地。产于全省各地；分布于东北、华北、西北、华东、华中、西南及广东、广西；东北亚及印度、尼泊尔也有。

主要用途　全草药用，具清热解毒等功效。

021 女娄菜

学名 **Silene aprica** Turcz. ex Fisch. et Mey. 属名 蝇子草属

形态特征 一年或二年生草本，高15～60cm。全株密被灰色短柔毛。茎直立，基部多分枝。基生叶倒披针形或匙形，3～6cm×1～2cm，先端急尖，基部渐狭成柄，稍抱茎；茎生叶较小，条状倒披针形至披针形，近无柄。圆锥状聚伞花序顶生或腋生；花淡紫色，稀白色，花瓣微伸出花萼，先端2浅裂，喉部具2鳞片状副花冠；萼筒卵状圆筒形，果时膨大，长4～9mm，具10条平行纵脉，顶端5齿裂。蒴果卵球形，顶端6齿裂，较宿萼稍长或等长。花期4—5月，果期5—6月。

分布与生境 见于除市区外全市各地；生于山坡或路旁草地。产于杭州、舟山、温州及开化；广布于华北和长江流域；东北亚也有。

附种1 长冠女娄菜 var. ***oldhamiana***，花瓣伸出花萼1/3。见于北仑；生于基岩海岸的石缝中。

附种2 粗壮女娄菜（坚硬女娄菜）***S. firma***，茎单生或2～3分枝，粗壮，节和下部常带紫色；花白色，集生于茎顶，呈假轮伞状或聚伞花序；花冠通常内藏；蒴果长卵球形；花期6—7月，果期7—8月。见于北仑、象山；生于山坡草地或灌丛间。

长冠女娄菜

粗壮女娄菜

022 蝇子草 鹤草

学名 **Silene fortunei** Vis. 属名 蝇子草属

形态特征 多年生草本，高 50～150cm。根粗壮，木质化。茎丛生，直立，多分枝，节膨大，有粗糙短毛，常分泌黏液。基生叶片匙状披针形；茎生叶片条状披针形，1～6cm×1～10mm，先端渐尖或锐尖，基部渐狭成柄，两面无毛。聚伞花序顶生，具少数花；萼筒细长管状，具 10 脉，常带紫红色，萼齿卵形，边缘膜质，具缘毛；花瓣 5，粉红色，先端 2 深裂，裂片再分成细裂片。蒴果椭球形，较宿萼略短或近等长。花期 7—8 月，果期 9—10 月。

分布与生境 见于除市区外全市各地；生于林下和山坡草丛、溪边。产于全省各地；分布于华东及陕西、山西、甘肃、河北、四川。

主要用途 根药用，有发表解热、活血散淤、生肌和止痛止血等功效；可供观赏。

附种 1 基隆蝇子草 var. ***kiruninsularis***，茎近无毛；叶片倒卵形或披针形、长圆状倒卵形至匙状披针形，5～6cm×4.5～5mm；萼筒长筒状，萼齿三角形；花瓣白色，裂片呈撕裂状条裂。见于鄞州、奉化、宁海、象山；生于岩质海岸潮上带附近的灌草丛中及滨海山坡林缘、荒地草丛中。

附种 2 西欧蝇子草 *S. gallica*，二年生草本，高 15～30cm；全株被白色长硬毛和腺毛；总状聚伞花序；花近无梗，花瓣先端全缘或稍 2 裂，白色。花果期 4—6 月。原产于欧洲南部。象山有归化；生于滨海石缝或灌草丛中。

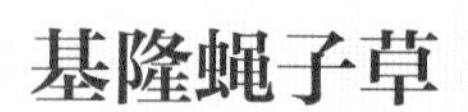

基隆蝇子草

西欧蝇子草

023 拟漆姑

学名 **Spergularia marina** (Linn.) Griseb.　　属名 拟漆姑属

形态特征　一年或二年生小草本，高 5～20cm。茎铺散，基部多分枝，上部密被细柔毛。叶对生；叶片条形，1～4cm×1～1.5mm，肉质，先端钝，有小突尖，中脉不明显，近无毛或疏生柔毛；托叶宽三角形，干膜质，合生成鞘状。花集生于上部叶腋，呈总状聚伞花序；花梗密生腺状柔毛，果时稍伸长，下弯；萼片 5，边缘膜质，被腺毛；花瓣 5，淡粉紫色，卵状长圆形或椭圆状卵形，先端钝，较萼片短。蒴果卵球形，稍长于宿萼，3 瓣裂。种子圆肾形，仅部分种子具翅。花期 4—6 月，果期 5—7 月。

分布与生境　见于慈溪、余姚、奉化、象山；生于滨海低湿盐碱地及沙荒地上。产于温州及岱山、定海、玉环等地；分布于东北、华北、西北及山东、江苏、河南、四川、云南等地；广布于北半球温带地区。

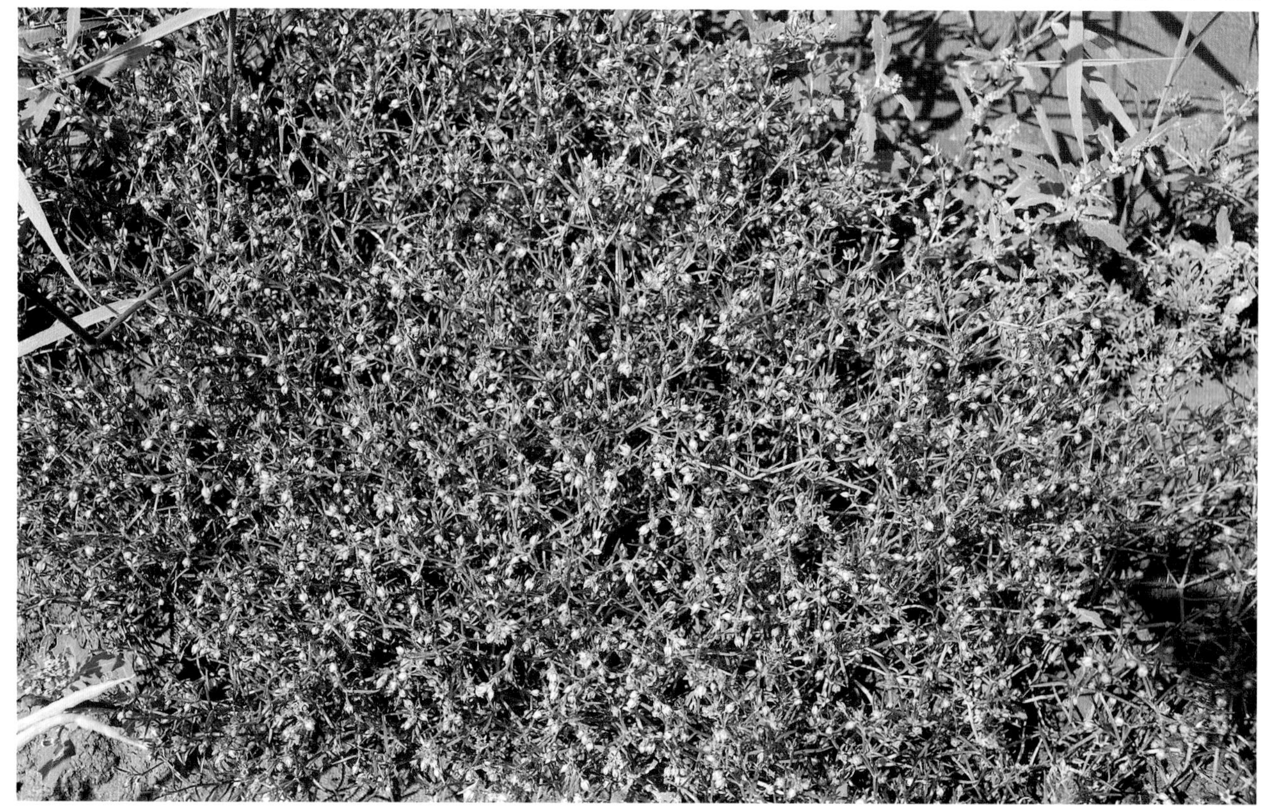

024 雀舌草

学名 **Stellaria alsine** Grimm　　属名 繁缕属

形态特征　一年生草本，高10～20cm。全株无毛。茎单出或成簇，基部平卧，上部直立多分枝，四棱形。叶片匙状长卵形至卵状披针形，5～15mm×3～6mm，先端尖，基部渐狭，全缘或微波形；无柄或近无柄。二歧聚伞花序顶生，花少数，有时花单生于叶腋；花梗纤细，花后下垂；花瓣5，白色，狭椭圆形，2深裂，与萼近等长或稍短。蒴果卵球形，与宿萼近等长或过之，熟时6瓣裂。花期4—5月，果期6—7月。

分布与生境　见于全市各地；生于田间、路边及山脚溪旁阴湿处。产于全省各地；广布于北半球温带地区。

025 中华繁缕

学名 **Stellaria chinensis** Regel　　属名 繁缕属

形态特征　多年生草本，长20～80cm。茎纤细，稍硬，直立或半匍匐，具纵棱，基部具明显四棱，光滑无毛。叶片卵形或卵状披针形，2～4.5cm×0.5～2cm，先端渐尖或锐尖，基部渐窄、宽楔形或近圆形，全缘；下部叶柄细长，中上部渐短，具柔毛。聚伞花序顶生或腋生；总花梗细，长2～4cm；花梗纤细，长约1cm或更长，花后伸长；萼片5，披针形，边缘膜质；花瓣5，白色，长于萼片，2深裂几达基部。蒴果卵球形，稍长于宿萼，熟时6齿裂。花期4—5月，果期6—7月。

分布与生境　见于余姚、鄞州、宁海、象山等地；生于林下、溪边和路旁阴湿处。产于杭州、临安及安吉；分布于华北和长江中、下游各地。

主要用途　全草药用，具活血止痛、清热解毒等功效。

附种　箐姑草 *S. vestita*，全株被星状柔毛；花瓣较萼片稍短或近等长；蒴果圆锥形，与宿萼近等长。见于余姚、北仑、鄞州、奉化、宁海等地；生于山坡草地或石隙中。

箐姑草

026 繁缕 小鸡草

学名 **Stellaria media** (Linn.) Vill.　　属名 繁缕属

形态特征　一年或二年生草本，高 10～30cm。茎细弱，基部多分枝，常平卧，上部直立、叉状分枝，茎一侧具 1 列短柔毛。叶片卵形或卵圆形，0.5～2.5cm× 0.5～1.8cm，先端渐尖或急尖，基部渐窄或亚心形，全缘，密生柔毛和睫毛；下部叶具长柄，向上渐短至近无柄。花单生枝腋或近顶生，或为松散的二歧聚伞花序；花梗细弱，花后下垂；花瓣 5，白色，长椭圆形，2 深裂几达基部，稍短于萼片或近等长；雄蕊 3～5，花柱 3。蒴果卵球形，稍长于萼片，熟时 6 瓣裂。种子表面密生疣状突起。花期 4—5 月，果期 5—6 月。

分布与生境　见于全市各地；生于田间、路旁、溪边草地。产于全省及全国各地；欧亚大陆广布。

主要用途　全草药用，具清热解毒、活血祛淤等功效；也可作野菜及饲料。

附种　**鸡肠繁缕** ***S. neglecta***，茎稍粗壮；叶片长圆形至卵状披针形；花瓣与萼片等长；雄蕊 8～10；种子表面具数列放射状突起。见于北仑；生于山坡阔叶林下及路边草丛中。

鸡肠繁缕

七　睡莲科 Nymphaeaceae*

027 水盾草

学名 **Cabomba caroliniana** A. Gray　　属名 水盾草属

形态特征　多年生水生草本。茎长达 1.5m，分枝，幼嫩部位有短柔毛。叶 2 型：沉水叶对生，叶片圆扇形，掌状分裂，裂片 3 或 4 次二叉分裂成条形小裂片；浮水叶少数，在花枝顶端互生，叶片盾状着生，狭椭圆形，全缘或基部 2 浅裂。花单生枝上部叶腋；萼片浅绿色，椭圆形；花瓣绿白色，与萼片近等长或稍大，基部具爪，近基部具一对黄色腺体。花期 7—10 月。

地理分布　原产于南美。余姚、鄞州、奉化有归化；生于平原区水沟或池塘等水体内。

主要用途　沉水叶雅致美观，常作为水族馆观赏植物。入侵植物。

* 宁波有 6 属 7 种 1 亚种 1 变种，其中栽培 3 种 1 变种，归化 1 种。本图鉴全部予以收录。

028 芡实 芡 鸡头米

学名 **Euryale ferox** Salisb.　　属名 芡属

形态特征 一年生水生大型草本。地下茎短，有白色须根。叶柄、花梗、花萼、浆果均密生硬刺。叶2型：初生叶沉水，较小，箭形或圆肾形，直径4～10cm，两面无刺；次生叶浮水，革质，圆形或盾状心形，直径可达1.3m，上面深绿色，凹凸不平，下面紫红色，叶脉明显隆起，两面叶脉分叉处有硬刺；叶柄及花梗长而粗壮。花单生，水面开放，直径约5cm；萼片4，内面紫色，外面绿色；花瓣多数，紫红色。浆果球形，直径约10cm。花期7—8月，果期9—11月。

分布与生境 零星见于余姚、鄞州、奉化、宁海、象山；生于富淤泥的池塘、湖泊中。产于全省各地；分布于我国南北各地；东南亚、东北亚及印度也有。

主要用途 浙江省重点保护野生植物。种子药用，具滋养强壮等功效，也可食用或酿酒；嫩叶柄和花柄去皮后可作野菜。

029 莲 荷花

学名 **Nelumbo nucifera** Gaertn. 属名 莲属

形态特征 多年生挺水草本，高1～2m。地下茎肥厚，具节，中有孔道，切断后有丝状维管束相连，节部缢缩，生有鳞片叶、芽和不定根。叶有浮水叶和挺水叶之分，叶片圆形，直径25～90cm，盾状着生，全缘，边缘波状，放射状叶脉；叶柄具小刺。花大，单生；萼片4或5，早落；花瓣多数，卵圆形，红色、粉红色或白色；花托（莲蓬）花后增大，顶端平截，嵌生坚果（莲子）。果实椭球形或卵球形，长约1.5cm。花期6—9月，果期8—10月。

分布与生境 仅见于宁海；生于池塘中；全市各地普遍栽培。浙江省内各地广泛栽培，偶有野生；我国南北各地均有分布。大洋洲、亚洲东北部和南部也有。

主要用途 国家Ⅱ级重点保护野生植物。地下茎（俗称“藕”）作蔬菜，亦可制成淀粉（藕粉）；莲子供食用和药用，具滋补强壮等功效；莲心、花、荷叶、藕节、莲房药用，具清热止血之功效；荷叶可作保健茶或食品包装等；花大艳丽，具香气，是重要的水生花卉。

030 萍蓬草 黄金莲

学名 **Nuphar pumila** (Timm.) DC.　　属名 萍蓬草属

形态特征 多年生水生草本。根状茎块状。叶2型：浮水叶纸质或近革质，卵形或宽卵形，8～17cm×5～12cm，先端圆钝，基部深心形，2裂片展开或靠近，上面绿色、有光泽，下面紫红色、密生柔毛；沉水叶小，叶片薄膜质，形状不规则，边缘波状，下面无毛。花单生，漂浮于水面，直径2～3cm；萼片5，花瓣状，黄色，外面中央绿色；花瓣小，多数，狭楔形，黄色；柱头盘状，8～10浅裂，淡黄色或带红色。浆果卵球形，长3～4cm，具宿存萼片和柱头，不规则开裂。花期5—7月，果期7—9月。

分布与生境 见于鄞州、奉化；生于湖泊、池塘中；市区及余姚、北仑、象山偶见栽培。产于杭州等地；分布于东北、华东、华中及河北、贵州、内蒙古、新疆；东北亚、欧洲北部也有。

主要用途 叶大花艳，是优良的水生花卉；根状茎药用，具健脾胃、补虚止血等功效。

附种 **中华萍蓬草** subsp. ***sinensis***，浮水叶基部2裂片较靠近，上面几无光泽，下面被疏密不均的短柔毛；花较大，直径5～6cm；柱头10～13裂。见于鄞州、奉化、宁海；生于缓流河道或山塘中。为本次调查发现的浙江新记录植物。

中华萍蓬草

031 白睡莲

学名 **Nymphaea alba** Linn.　　**属名** 睡莲属

形态特征　多年生水生草本。根状茎匍匐。叶浮于水面；叶片近圆形，直径 10～40cm，基部具深凹缺，上面深绿色，平滑，下面淡褐色，具深褐色斑纹，全缘或波状，两面无毛；叶柄长达 70cm。花单生，直径 10～20cm，浮于水面，芳香；花梗与叶柄近等长；萼片 4，披针形，花后脱落或腐烂；花瓣 20～25，白色，卵状长圆形，外轮比萼片稍长；柱头扁平，具 14～20 辐射线。浆果卵球形至半球形，长 2.5～3cm。花期 6—8 月，果期 8—10 月。

地理分布　原产于河北、山东、陕西；印度及欧洲、亚洲西南部也有。全市各地有栽培。

主要用途　花美丽，供观赏；根状茎可食。

附种 1　**红睡莲** var. ***rubra***，花玫瑰红色，近全天开放。原产于印度。全市各地均有栽培。

附种 2　**黄睡莲** ***N. mexicana***，根状茎直立；花鲜黄色，近中午至下午 4 时开放。原产于墨西哥。全市各地有栽培。

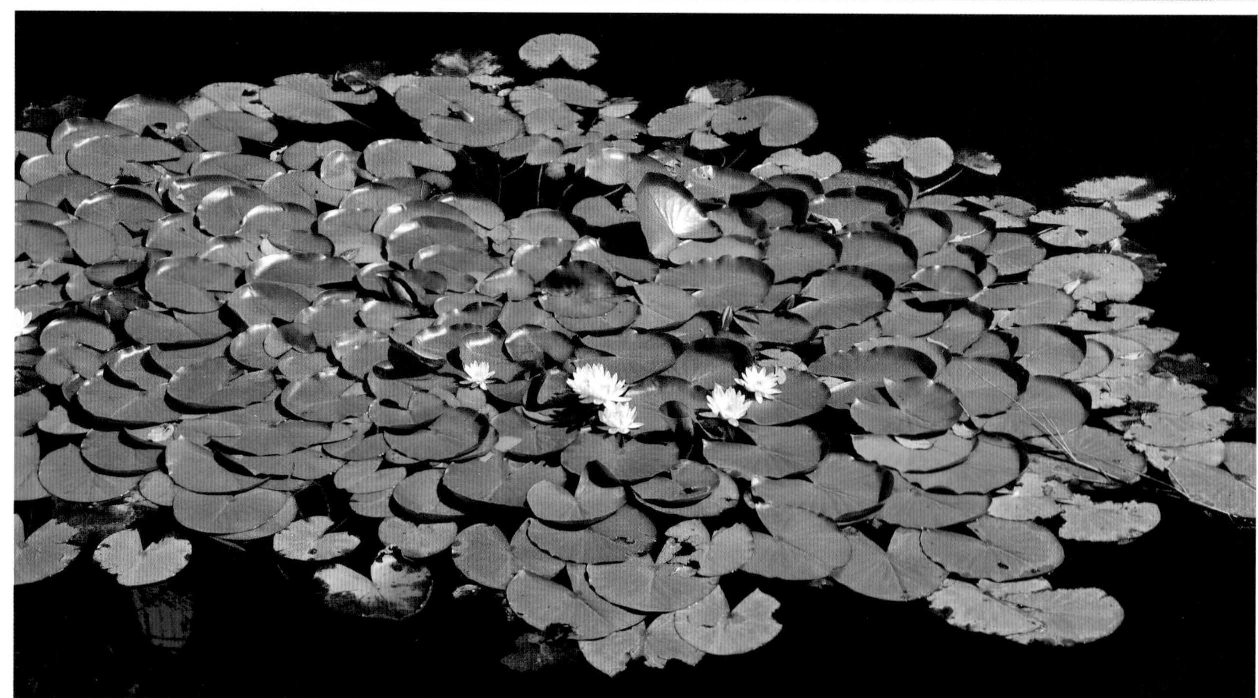

红睡莲

黄睡莲

032 克鲁兹王莲

学名 **Victoria cruziana** Orbign. 属名 王莲属

形态特征 一年生或多年生大型水生草本。初生叶片针状，第2~3叶片矛状，第4~5叶片戟形，第6~10叶片椭圆形至圆形，成熟叶片圆形，叶缘上翘、直立呈盘状，直径2m以上，上面绿色，有皱褶，下面紫红色，具硬刺，叶脉明显凸起；叶柄长2~4m。花单生，硕大，直径25~35cm，初开时白色，后转为粉红色、紫红色至深红色。花果期7—9月。

地理分布 原产于南美洲亚马孙流域。宁波市区及鄞州有栽培。

主要用途 叶形巨大奇特，为热带著名水生观赏植物。

八 金鱼藻科 Ceratophyllaceae*

033 金鱼藻 混草

学名 **Ceratophyllum demersum** Linn. 属名 金鱼藻属

形态特征 多年生沉水草本，有时稍露出水面。茎细长，长达60cm，具短分枝。叶4～12枚轮生；叶片1.5～2cm×1～5mm，一或二回二叉状分枝，裂片丝状或条形，边缘仅一侧有数个细锯齿；无柄。花小，单性，1～3朵生于叶腋；花被片8～12，条形，先端有2个短刺尖，花后宿存；雄花花丝极短，药隔附属体有2个短刺尖；雌花花柱针刺状，宿存。坚果宽椭球形，长4～5mm，具3刺，其中基部2刺向下斜伸，比果长，顶部1刺（宿存花柱）长8～10mm。花果期6—9月。

分布与生境 见于除市区外全市各地；生于淡水池塘、湖泊、水沟、水库中。产于全省各地；广布于全国及世界各地。

主要用途 为鱼类饲料，亦可作绿肥。

附种 **五刺金鱼藻** ***C. platyacanthum*** **subsp.** ***oryzetorum***，叶片全为二回二叉状分枝；果实有5刺，上部2刺较短，长2～6mm。见于慈溪；生境同“金鱼藻”。

五刺金鱼藻

* 宁波有1属1种1亚种。本图鉴全部予以收录。

九　连香树科 Cercidiphyllaceae*

034 连香树

学名 **Cercidiphyllum japonicum** Sieb. et Zucc.　属名 连香树属

形态特征　落叶乔木。树皮薄片状剥落。小枝无毛，具长短枝，短枝具重叠环状芽鳞痕，对生于长枝上。长枝上的叶对生，叶片卵形或近圆形，2.5～3.5cm×2～2.5cm，先端圆或钝尖，基部心形，边缘具圆齿，齿端有腺体，基出脉3或5；短枝上只生1叶，叶片宽卵形或扁圆形，3.5～9cm×5～7cm，基出脉5或7。雌雄异株，花先叶开放；雄花单生或4朵簇生叶腋，苞片在花期红色；雌花腋生，花柱条形，柱头红色。聚合蓇葖果2～4(6)，圆柱形，微弯，荚果状，顶端具宿存花柱。种子小而扁平，先端具透明翅。花期4月，果期11月。

地理分布　原产于临安、开化、遂昌等地；分布于华东、华中及山西、陕西、甘肃。镇海、鄞州有栽培。

主要用途　国家Ⅱ级重点保护野生植物。树姿优美、叶形奇特，可作园林观赏树种；树皮和叶可提制栲胶；木材纹理直、结构细、耐水湿，为良好用材。

* 宁波栽培有1属1种。本图鉴予以收录。

十 毛茛科 Ranunculaceae*

035 乌头

学名 **Aconitum carmichaelii** Debeaux　　属名 乌头属

形态特征 多年生草本，高 60～150cm。块根倒圆锥形，长 2～4cm。茎直立，中部以上被反曲短柔毛。叶片薄革质或纸质；基生叶片掌状，开花时枯萎；茎生叶片五角形，6～11cm×9～15(18)cm，3 全裂，中央全裂片先端急尖，近羽状分裂，小裂片三角形，生 1～3 枚牙齿或全缘；叶柄长 1～2.5cm。总状花序顶生，花序轴较长，连同花梗密被反曲伏毛；萼片蓝紫色，上萼片高盔形；花瓣无毛，具距，距显著短于唇，通常拳卷。蓇葖果长 1.5～1.8cm。花期 9—10 月，果期 10—11 月。

分布与生境 见于慈溪、余姚、镇海、北仑、鄞州、奉化、宁海、象山；生于山坡草地或灌丛中。产于全省山区或丘陵；分布于华东、华中、华北、西南及广东、广西、陕西、辽宁。

主要用途 块根为著名中药，具祛风除湿、温经止痛等功效；花供观赏。

附种 **黄山乌头** var. ***hwangshanicum***，叶片草质；中央全裂片先端渐尖或长渐尖，小裂片牙齿状，较窄；花序轴极短，伞形花序状。见于北仑；生境同“乌头”。

* 宁波有 12 属 32 种 4 变种，其中栽培 5 种 1 变种。本图鉴收录 10 属 31 种 3 变种，其中栽培 4 种。

黄山乌头

036 赣皖乌头 缙兰花

学名 **Aconitum finetianum** Hand.-Mazz.　　属名 乌头属

形态特征 多年生缠绕草本。根圆柱形，有分枝。茎疏生反曲短柔毛。下部叶片五角状肾形或扁圆形，6～10cm×10～18cm，掌状分裂至中部，各回裂片多少邻接，两面疏被紧贴短毛，叶柄长达30cm；上部叶渐变小。总状花序具4～9花，花序轴和花梗均被淡黄色反曲短柔毛；萼片白色带淡紫色，上萼片圆筒形；花瓣无毛，距与唇近等长或稍长，先端稍拳卷。蓇葖果长0.8～1.1cm。花期8—9月，果期10月。

分布与生境 见于余姚、宁海；生于山地阴湿处。产于丽水及临安、淳安、江山、衢江、兰溪；分布于江西、安徽、湖南。

037 鹅掌草 蜈蚣三七

学名 **Anemone flaccida** F. Schmidt　　属名 银莲花属

形态特征 多年生草本，高15～40m。根状茎斜生，近圆柱形，节间缩短。基生叶1～2，具长柄；叶片薄草质，五角形，3.5～7.5cm×6.5～14cm，基部深心形，3全裂，中央全裂片菱形，3裂，末回裂片卵形或宽披针形，有1～3齿或全缘，侧裂片不等2深裂。聚伞花序有花2或3；苞片3，似基生叶，无柄，不等大，3深裂；花直径2～2.5cm；萼片5，花瓣状，白色或微带粉红色；无花瓣。瘦果卵球形，被短柔毛。花期4—5月，果期7—8月。

分布与生境 见于余姚、宁海；生于海拔600～800m的阴湿山沟林缘草丛中。产于杭州、丽水、金华；分布于华东、华中、西南、西北等地；日本、俄罗斯也有。

主要用途 植株小巧，叶片清秀，花色淡雅，可供盆栽观赏或作林下地被及花境；根状茎药用，主治风湿痹痛、跌打损伤。

附种 **打破碗花花 *A. hupehensis***，花直径3～7cm，萼片淡紫红色；瘦果密被绵毛；基生叶为三出复叶，有时全部为单叶，或两者均有，叶片下面疏被短糙毛。见于鄞州；生境同“鹅掌草”。

打破碗花花

038 小升麻 金龟草

学名 **Cimicifuga japonica** (Thunb.) Spreng. 属名 升麻属

形态特征 多年生草本，高 30～120cm。根状茎粗大，块状，横走，具多数须根。茎直立，上部密生灰色短柔毛。叶 1 或 2 片，近基生，一回三出复叶；顶生小叶片宽卵状心形或卵形，5～20cm×4～18cm，基部心形，具 5～7 对浅裂片，边缘具不整齐锯齿，上面有光泽，仅近叶缘处被糙毛，下面沿脉被柔毛；侧生小叶略小，稍偏斜。穗状花序顶生，单一或具 1～5 分枝，常高出叶片，具多数花；花序轴密被灰色短柔毛；花小，近无梗；萼片 4，白色，花瓣状；花瓣缺。蓇葖果长约 1cm，宿存花柱向外伸展。花期 8—9 月，果期 10—11 月。

分布与生境 见于奉化、宁海；生于海拔 600m 左右的山沟林下阴湿草丛中。产于丽水及安吉、临安、磐安、泰顺；分布于华中、华南、西南、西北及广东、安徽、江西、山西、河北；朝鲜半岛及日本也有。

主要用途 叶大亮绿，可作林下地被；根状茎有小毒，药用，具清热解毒、活血消肿、降血压等功效。

039 女萎 钥匙藤 花木通

学名 **Clematis apiifolia** DC.　　属名 铁线莲属

形态特征　半常绿木质藤本。茎、小枝、叶、花序梗和花梗密生贴伏短柔毛。三出复叶；小叶片卵形至宽卵形，2.5～8cm×1.5～7cm，常有不明显3浅裂，上面疏生贴伏短柔毛或无毛，下面疏生短柔毛或仅沿脉较密，边缘具缺刻状粗齿或牙齿。圆锥状聚伞花序具多花，花序较叶短；花序梗基部具叶状苞片；花直径约1.5cm；萼片4，花瓣状，开展，白色，狭倒卵形，两面被短柔毛。瘦果纺锤形或狭卵球形，长3～5mm。花期7—9月，果期9—11月。

分布与生境　见于全市各地；生于向阳山坡、路旁、溪边灌丛或林缘。产于全省山区、半山区；分布于华东、华中、西南及甘肃、广东、广西、陕西；朝鲜半岛及日本也有。

主要用途　根、茎药用，具清热明目、利尿消肿等功效。

附种　**钝齿铁线莲** var. ***argentilucida***，小叶片较大，5～13cm×3～9cm，通常下面密生短柔毛，边缘有少数钝牙齿。见于镇海、北仑；生境同“女萎”。

钝齿铁线莲

040 威灵仙 铁脚威灵仙

学名 **Clematis chinensis** Osbeck　　**属名** 铁线莲属

形态特征　半常绿木质藤本。全株暗绿色，干后变黑色。根咀嚼有辣味。茎长3～9m，无毛。叶对生，一回羽状复叶，小叶5，稀3～7；叶片纸质，卵形至卵状三角形或条状披针形，1.2～8cm×1.5～4.5cm，先端急尖或渐尖，稀微凹，基部圆形或宽楔形，全缘，两面近无毛，网脉不明显；叶轴上部和小叶柄扭曲。圆锥状花序顶生或腋生，多花；花直径1～2cm；萼片4(5)，花瓣状，白色，长圆形或长圆状倒卵形。瘦果扁，卵圆形至宽椭圆形。花期6—9月，果期8—11月。

分布与生境　见于慈溪、余姚、北仑、鄞州、奉化、宁海、象山；生于低山阔叶林缘、山谷溪边灌丛中。产于丽水、温州及临安、岱山、天台；分布于华东、华中、华南及陕西等地；琉球群岛及越南也有。

主要用途　全草药用，具祛风湿、消淤肿、通经络等功效。

附种　**圆锥铁线莲**（铜威灵）***C. terniflora***，茎干后浅褐色；叶片下面网脉凸出。见于余姚、北仑、鄞州、奉化、宁海、象山；生于山地、丘陵林缘或路边草丛中。

圆锥铁线莲

041 大花威灵仙

学名 **Clematis courtoisii** Hand.-Mazz.　　**属名** 铁线莲属

形态特征　落叶木质藤本。茎圆柱形，长 2～4m，棕红色或深棕色，幼时疏被脱落性柔毛。三出复叶至二回三出复叶；叶片薄纸质或软革质，长圆形或卵状披针形，4～8cm×2～4cm，先端渐尖或长尖，基部宽楔形，全缘，稀 2～3 裂或具锯齿，叶脉两面凸起。聚伞花序具 1 花，腋生；花大，直径 5～8(10.5)cm；苞片大，卵形；萼片 6，花瓣状，白色，开展，内面无毛，外面沿中脉具绿色至青紫色的条带，密被绒毛；柱头膨大。瘦果倒卵球形，被黄色柔毛。花期 5—6 月，果期 7—8 月。

分布与生境　见于慈溪、北仑、鄞州、象山；生于山坡、山谷、溪边、路旁的阔叶林中。产于临安、安吉、诸暨；分布于江苏、安徽、湖南、河南。

主要用途　全草药用，具清热解毒、祛淤镇咳、利尿消肿等功效；花大，可作庭院绿化。

附种 1　铁线莲 *C. cvs.*，草质藤本；茎具 6 条纵纹；二回三出复叶；花朵大小、萼片多少及颜色、花期因品种而异，花型、花色极为丰富。全市各地均有栽培。花大美丽，被誉为“藤本皇后”。

附种 2　毛萼铁线莲 *C. hancockiana*，叶柄呈“之”字形扭曲；萼片 4，紫红色、蓝紫色或暗紫色，花后常反卷，外面密被曲柔毛；柱头不膨大；花期 5 月，果期 6 月。见于北仑、奉化；生于山坡及灌丛中。模式标本采自宁波。

铁线莲（园艺品种）

毛萼铁线莲

042 山木通

学名 **Clematis finetiana** Lévl. et Vant.　　属名 铁线莲属

形态特征　常绿木质藤本，全体无毛。茎圆柱形，有纵棱。叶对生，三出复叶，茎下部有时为单叶；小叶片薄革质或革质，卵状披针形、狭卵形至卵形，3～9(13)cm×1.5～3.5(5.5)cm，全缘，两面无毛，网脉明显。花单生，或组成聚伞花序；苞片小，钻形；萼片4(～6)，花瓣状，开展，白色，狭椭圆形或披针形。瘦果镰刀状，长约5mm，有黄褐色长柔毛。花期4—6月，果期7—11月。

分布与生境　见于慈溪、余姚、北仑、鄞州、奉化、宁海、象山；生于向阳的低山、丘陵、荒坡灌丛中。产于全省山区、半山区；分布于华东、华中、西南及广东、广西等地。

主要用途　全株药用，根可祛风湿、通经络，茎有通窍、利湿之功效；叶可治关节肿痛；花可治扁桃体炎、咽喉炎。

单叶铁线莲 雪里开

学名 **Clematis henryi** Oliv.　　属名 铁线莲属

形态特征 常绿木质藤本。根细长，下部常膨大成纺锤形。茎具纵棱，枝干老后皮易剥落。单叶对生；叶片狭卵形或近披针形，7～17cm×2～7cm，先端渐尖，基部浅心形，边缘具刺尖状浅齿，基出脉3或5，网脉明显。聚伞花序腋生，具1花，稀2～5；花钟状，直径2～2.5cm，萼片花瓣状，白色或淡黄色。瘦果扁，狭卵形，长约3mm，宿存花柱长达3.5～4.5cm。花期11月至翌年1月，果期翌年3—5月。

分布与生境 见于余姚、北仑、鄞州、奉化、宁海；生于山坡林缘、路边灌丛或沟谷中。产于全省各地；分布于华东、华中、西南及广东、广西、陕西等地。

主要用途 根药用，具清热解毒、抗菌消炎、活血消肿等功效。

044 毛叶铁线莲

学名 **Clematis lanuginosa** Lindl. **属名** 铁线莲属

形态特征 落叶木质藤本。茎圆柱形，有纵棱，嫩枝被紧贴淡黄色柔毛。单叶对生，基部有时具三出复叶；叶片薄纸质，卵状披针形或心形，4～12cm×3～7.5cm，先端渐尖，基部心形或近圆形，全缘，两面被绵毛，下面尤密，具紫褐色斑纹。花单生枝顶，直径7～15cm，花梗直立；萼片5或6，淡紫色，先端具小尖头，花瓣状。瘦果多数，扁平，宿存花柱纤细，密被长柔毛，卷曲成绒球状。花期5—7月，果期7—8月。

分布与生境 见于慈溪、余姚、镇海、北仑、鄞州、奉化、宁海、象山；生于海拔700m以下的山坡、沟谷、溪边疏林或灌丛中。产于临安、普陀、天台。模式标本采自宁波（天童）。

主要用途 花大而美丽，可供观赏，也可作铁线莲育种亲本。

045 毛蕊铁线莲

学名 **Clematis lasiandra** Maxim. 属名 铁线莲属

形态特征 草质藤本。茎具纵棱，近无毛。叶对生，一至二回三出复叶或羽状复叶，具 3～9(15) 小叶，小叶片卵状披针形或狭卵形，3～6cm×1.5～2.5(3) cm，先端渐尖至长渐尖，边缘有整齐锯齿，两面疏生贴伏毛或无毛，下面叶脉凸起；叶柄基部膨大隆起，贯连成环状，长 4～5(6) cm。聚伞花序腋生，有 1～3 花；花钟状，粉红色、淡紫红色至紫红色，直径 2cm；萼片 4，花瓣状，狭卵形，两面光滑无毛，仅边缘及反卷的顶端被绒毛。瘦果椭球形，有紧贴的短柔毛。花期 9—10 月，果期 10—11 月。

分布与生境 见于镇海、奉化；生于山地沟边、坡地及灌丛中。产于杭州、丽水；分布于华东、华中、西南、西北及广东、广西、甘肃、河北、陕西等地；日本也有。

046 绣球藤

学名 **Clematis montana** Buch.-Ham. ex DC.　　属名 铁线莲属

形态特征　落叶木质藤本。茎圆柱形，有纵棱，小枝被脱落性短柔毛，老时外皮脱落。叶常着生于有多数宿存芽鳞的短枝上，呈簇生状或对生，三出复叶；小叶片卵形、宽卵形至椭圆形，3～7cm×1～5cm，先端急尖或渐尖，3浅裂或不明显，边缘具缺刻状锯齿，两面疏生短柔毛，有时下面较密。花1～5朵与叶簇生，直径3～5cm；萼片4，花瓣状，白色或外面带淡红色，展开。瘦果卵球形，扁平，顶端渐尖，无毛，宿存花柱羽毛状。花期4—6月，果期7—9月。

分布与生境　见于余姚、宁海、象山；生于山谷、溪边灌丛中。产于临安、龙泉、临海。分布于华东、华中、西南、西北及广西；印度、尼泊尔也有。

主要用途　花大而美丽，可供观赏。

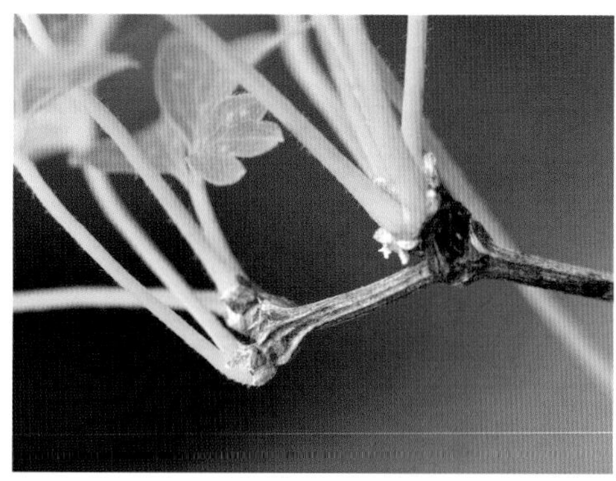

柱果铁线莲

学名 **Clematis uncinata** Champ. ex Benth. 属名 铁线莲属

形态特征 常绿木质藤本。植株除花柱和萼片外光滑无毛。茎圆柱形，有纵棱。叶对生；一至二回羽状复叶，小叶5～15；小叶片薄革质或纸质，宽卵形、长圆状卵形至卵状披针形，3～13cm×1.5～7cm，先端急尖至渐尖，基部常宽楔形或圆形，两面网脉凸起，全缘，上面亮绿色，下面被白粉；干后常变褐黑色。小叶柄中上部具关节。圆锥状聚伞花序顶生或腋生；萼片4，花瓣状，白色，条状披针形至倒披针形，展开。瘦果圆柱状钻形。花期6—7月，果期7—9月。

分布与生境 见于全市各地；生于旷野、山地、山谷、溪边的灌丛或林缘。产于全省山区、半山区；分布于华东、西南及甘肃、湖南、陕西、广东、广西等地；越南也有分布。

主要用途 供园林观赏及药用。

048 还亮草 鱼灯苏

学名 **Delphinium anthriscifolium** Hance　　**属名** 翠雀属

形态特征　一年生草本，高12～75cm。茎分枝，无毛或被白色柔毛。叶互生，二至三回近羽状复叶；叶片菱状卵形或三角状卵形，5～11cm×4.5～8cm，羽片2～4，下部羽片狭卵形，先端长渐尖，通常分裂至近中脉，末回裂片狭卵形或披针形。总状花序具2～15花，花序轴和花梗被反曲柔毛；花直径不超过1.5cm；萼片堇色或紫色，上萼片基部延长成钻形或圆锥状钻形的距；花瓣紫色，具不等3齿。蓇葖果长1.1～1.6cm。花期3—6月，果期6—8月。

分布与生境　见于慈溪、余姚、北仑、鄞州、奉化、宁海、象山；生于山麓林缘、溪边、阴湿山坡或草丛中。产于杭州、金华及安吉、天台、乐清、遂昌；分布于华东、华中及山西、贵州、云南、广东、广西等地。

主要用途　全草药用，主治风湿痹痛、半身不遂、积食胀满，外用治痈疮。

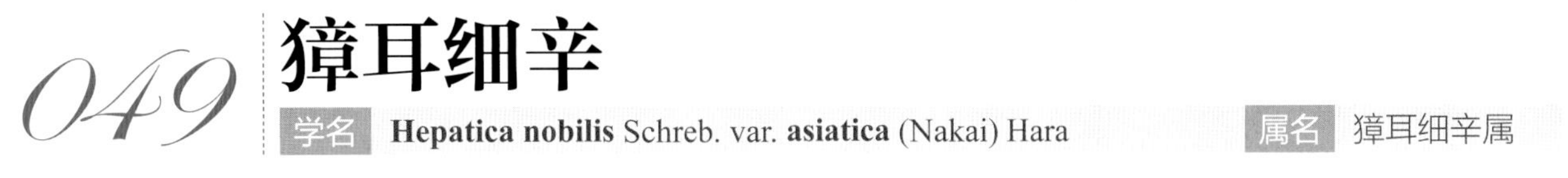

049 獐耳细辛

学名 **Hepatica nobilis** Schreb. var. **asiatica** (Nakai) Hara　属名 獐耳细辛属

形态特征 多年生宿根草本，高5～18cm。根状茎细长，多节，密生肉质须根。叶基生，3～6片；叶片三角状肾形，2.5～4cm×4.5～7.5cm，先端3裂至中部，基部深心形，全缘，两面被稀疏伏贴长柔毛；叶柄长6～10cm。花葶1～6，不分枝，有长柔毛；苞片3，卵形至椭圆状卵形，全缘，萼片状，背面密被长柔毛；萼片6～11，白色、粉红色或堇色，花瓣状。瘦果卵球形，被长柔毛，花柱宿存。花期3—4月，果期5—6月。

分布与生境 见于余姚、奉化、宁海；生于海拔约700m的山沟落叶阔叶林下乱石堆中。产于安吉、临安、磐安、临海等地；分布于安徽、河南、辽宁；朝鲜半岛也有。

主要用途 鲜根药用，主治劳伤、筋骨疼痛等症；植株小巧，叶形可爱，花色清雅，可供观赏。

050 芍药 白芍

学名 **Paeonia lactiflora** Pall.

属名 芍药属

形态特征 多年生草本，高40～80cm。根粗壮，多分枝。叶互生，下部叶为二回三出复叶，上部叶为三出复叶；小叶片狭卵形、椭圆形至披针形，先端渐尖，基部楔形或偏斜，边缘具骨质细齿，上面无毛，下面沿脉疏生短柔毛；叶柄长6～10cm。花1至数朵生于茎顶和叶腋，直径5.5～11cm；花白色或粉红色，有时基部具深紫色斑块，花瓣倒卵形，芳香。蓇葖果卵球状锥形，顶端具喙。花期4—5月，果期8—9月。

地理分布 原产于西北、东北、华北；东北亚也有。全市各地均有栽培。

主要用途 根为著名中药“白芍”，具镇痛、镇痉、祛风、活血、抗菌等功效；花供观赏。

051 牡丹

学名 **Paeonia suffruticosa** Andr.

属名 芍药属

形态特征 落叶小灌木，高达2m。茎短而粗壮。二回三出复叶，近枝顶叶偶为3小叶；顶生小叶片宽卵形，7～8cm×5.5～7cm，3裂至中部，上面绿色，下面有时具白粉，小叶柄长1.2～3cm；侧生小叶狭卵形或斜卵形，2～3裂或不裂，近无柄。花单生枝顶，大型，直径12～20cm；萼片5，绿色，宽卵形，大小不等；花瓣5，或为重瓣，白色、玫瑰色、红紫色或粉红色，倒卵形，先端不规则波状。蓇葖果椭球形，密生黄褐色硬毛。花期4—5月，果期6月。

地理分布 原产于安徽、河南。全市各地均有栽培。

主要用途 根皮为著名中药“丹皮”，具清热、活血散淤等功效；花供观赏，素有“花中之王”的美誉。

052 禺毛茛

学名 **Ranunculus cantoniensis** DC.　　属名 毛茛属

形态特征　多年生草本，高 25～80cm。须根簇生。茎直立，上部分枝，与叶柄均密生开展的黄白色糙毛。三出复叶，变异较大；基生叶和下部叶具长柄，叶片宽卵形，小叶片 2 或 3 中裂，或不裂，末回裂片倒卵形或卵形，3～6cm×3～9cm，边缘密生细锯齿或牙齿，两面贴生糙毛；上部叶渐小，3 全裂。萼片卵形；花瓣 5，椭圆形，黄色。聚合瘦果球形。花期 4—5 月，果期 5—6 月。

分布与生境　见于全市各地；生于平原、丘陵的沟边、路旁水湿地。产于全省各地；分布于华东、华中、西南及陕西、广东、广西等地；朝鲜半岛及日本、不丹、尼泊尔也有。

主要用途　全草含原白头翁素，有毒。

附种　**花毛茛** ***R. asiaticus***，茎单生，纤细而直立，分枝少；基生叶片阔卵形，有粗钝锯齿；茎生叶片二回三出羽状细裂，裂片 5 或 6 枚；花大，直径 3～4cm，单生或数朵顶生，重瓣、半重瓣，花色丰富；花期 4—5 月。原产于欧洲东南部和亚洲西南部。慈溪等地有栽培。

花毛茛

053 毛茛 老虎脚底板

学名 **Ranunculus japonicus** Thunb. 属名 毛茛属

形态特征 多年生草本，高30～60cm。根状茎短，具多数簇生须根。茎直立，中空，有槽，多分枝，被柔毛。基生叶为单叶，多数；叶片三角状肾圆形或五角形，基部心形或截形，约6cm×7cm，掌状3深裂不达基部，中裂片宽菱形或倒卵圆形，3浅裂，边缘疏生锯齿，两面贴生柔毛，叶柄长达15cm；茎下部叶与基生叶相似，向上叶片变小。聚伞花序具多数花，疏散，花直径1.5～2cm；萼片5，椭圆形，生白色柔毛；花瓣5，黄色，倒卵状圆形，基部有爪。聚合瘦果，近球形，直径4～6mm；瘦果扁平，喙短直或外弯，长约0.5mm。花期4—6月，果期6—8月。

分布与生境 见于全市各地；生于郊野、路边、田边、沟边及向阳山坡草丛中。产于全省各地；分布于除西藏外全国各地；东北亚也有。

主要用途 全草含原白头翁素，有毒，为发泡剂和杀菌剂，捣烂外敷可治黄疸、水肿等。

附种 **石龙芮 *R. sceleratus***，一年生草本。全株无毛或几无毛。基生叶和下部叶肾状圆形至宽卵形，1～3cm×1～3.5cm。花小，直径4～8mm；萼片船形；花瓣倒卵形。聚合瘦果椭球形，长8～12mm；瘦果喙极短。花期3—5月，果期5—7月。见于全市各地；生于田边、沟边、池边湿地或稻田中。

石龙芮

054 刺果毛茛

学名 **Ranunculus muricatus** Linn. 属名 毛茛属

形态特征 一年生草本，高10～30cm。全体近无毛。茎自基部分枝，倾斜上升。叶片近圆形，2～5cm×2～5cm，先端钝，基部截形，3中裂至深裂，裂片边缘具缺刻状锯齿；叶柄长2～9cm。花与叶对生；萼片长椭圆形；花瓣5，黄色，狭倒卵形或宽卵形，先端圆，基部渐狭成爪。聚合瘦果球形，直径达1.5cm；瘦果扁椭球形，边缘有棱翼，两面各生弯刺，喙长达2mm，顶端稍弯。花期3—5月，果期5—6月。

分布与生境 原产于西亚、欧洲。归化于全市各地；生于路旁、田边潮湿处杂草丛中。

055 扬子毛茛 西氏毛茛

学名 **Ranunculus sieboldii** Miq.　　属名 毛茛属

形态特征　多年生草本，高 20～30cm。茎铺散，下部匍匐，节上生根，多分枝，密生开展柔毛。三出复叶，基生叶与茎生叶相似；叶片宽卵形至圆肾形，2～5cm×3～6cm，基部心形，背面疏被柔毛，中央小叶片宽卵形或菱状卵形，3 浅裂至较深裂，边缘具锯齿；叶柄长 2～7cm。花与叶对生；萼片狭卵形，花期向下反折，迟落；花瓣 5，黄色或上面变白色，狭椭圆形，具长爪。聚合瘦果圆球形，直径约 1cm。花期 4—9 月，果期 5—10 月。

分布与生境　见于全市各地；生于平原至山地林缘的湿草地。产于全省各地；分布于华东、华中、西南及甘肃、广西、陕西等地；日本也有。

主要用途　全草入药，具截疟、拔毒、消肿之功效，但有毒，须慎用。

猫爪草 小毛茛

学名 **Ranunculus ternatus** Thunb.　　属名 毛茛属

形态特征 一年生草本，高5～17cm。须根肉质膨大呈纺锤形。茎直立，细弱，多分枝，几无毛。基生叶为三出复叶或单叶，叶片宽卵形至圆肾形，5～35mm×4～25mm，小叶片3裂或多次细裂，末回裂片倒卵形或条形，叶柄长6～10cm；茎生叶较小，叶片全裂或细裂，裂片细条形，无柄。花单生茎顶或分枝顶端；萼片绿色；花瓣5～7或更多，黄色或变白色，倒卵形。聚合瘦果近球形，直径约6mm，瘦果边缘有纵棱。花期3—4月，果期4—7月。

分布与生境 见于慈溪、余姚、北仑、鄞州、奉化、象山及市区；生于郊野、路旁湿地或水田边、潮湿草丛中。产于全省各地；分布于华东、华中及广西。

主要用途 根药用，具清热解毒、消淤散结等功效，但有小毒。

057 天葵 千年老鼠屎

学名 **Semiaquilegia adoxoides** (DC.) Makino 属名 天葵属

形态特征 多年生草本，高10～30cm。块根椭球形或纺锤形，棕黑色。茎丛生，上部分枝，疏被白色柔毛。基生叶多数，掌状三出复叶，小叶片扇状菱形或倒卵状菱形，0.6～2.5cm×1～2.8cm，3深裂，边缘疏生粗齿，下面通常紫色，两面无毛，叶柄基部扩大成鞘；茎生叶较小。花小，直径4～6mm；花梗纤细，被伸展的白色短柔毛；萼片白色或淡紫色；花瓣匙形，先端近截形，基部囊状。蓇葖果卵状椭球形，表面具凸起的横向脉纹。花期3—4月，果期4—5月。

分布与生境 见于全市各地；生于山坡林缘、路旁、水沟边及阴湿处。产于全省各地；分布于华东、华中及陕西、广西等地；朝鲜半岛及日本也有。

主要用途 块根为中药“天葵子”，具清热解毒、利尿消肿等功效，但有小毒。

058 大叶唐松草 兰蓬草 大叶马尾莲

学名 **Thalictrum faberi** Ulbr. 属名 唐松草属

形态特征 多年生草本，高35～110cm。根状茎短，下部密生棕黄色细长须根。茎具分枝。二至三回三出复叶，具长柄；小叶片大，坚纸质，顶生小叶片宽卵形，3～10cm×3.5～9cm，先端急尖或微钝，基部圆形、浅心形或截形，3浅裂，边缘每侧具5～10个粗尖齿，下面叶脉凸起，网脉明显。圆锥状花序长20～40cm；萼片白色或淡蓝色，宽椭圆形，早落。瘦果狭卵球形，长5～6mm，有10条细纵肋，宿存花柱拳卷。花期7—9月，果期10—11月。

分布与生境 见于余姚、北仑、鄞州、奉化、宁海；生于山地较湿润的溪谷疏林下及阴湿石壁。产于杭州、金华及天台、遂昌；分布于华东、华中。模式标本采自宁波。

主要用途 根药用，具消肿解毒、清凉明目等功效。

附种 **尖叶唐松草** ***Th. acutifolium***，根肉质，胡萝卜状；二回三出复叶；顶生小叶卵形，2.3～5cm×1～3cm，边缘具疏牙齿；萼片白色或带粉红色；瘦果狭椭球形，有时略呈镰刀状弯曲，长3～4.5mm，有8条细纵肋；花期4—7月，果期6—8月。见于余姚、北仑、鄞州、奉化、宁海；生于山地沟边、路旁、林缘及湿润草丛中。

尖叶唐松草

059 华东唐松草

学名 **Thalictrum fortunei** S. Moore　　属名 唐松草属

形态特征　多年生草本，高 20～60cm。全体无毛。茎具分枝。二至三回三出复叶，基生叶和下部茎生叶具长柄；小叶片草质，下面粉绿色，顶生小叶近圆形、楔形，直径 1～2cm，先端圆，基部圆形或浅心形，不明显 3 浅裂，边缘具浅圆齿，下面叶脉凸出，网脉明显；托叶状裂片膜质，半圆形，全裂。单歧聚伞花序圆锥状，分枝少，有少数花；萼片白色或淡紫蓝色，倒卵形。瘦果纺锤形或椭球形，长 4～5mm。花期 3—5 月，果期 5—7 月。

分布与生境　见于余姚、北仑、鄞州、奉化、宁海、象山；生于山坡、林下阴湿处。产于全省山区、半山区；分布于华东。模式标本采自宁波。

主要用途　全草药用，具解毒消肿、明目止泻等功效；花密集，可供观赏。

十一　木通科 Lardizabalaceae*

060 木通

学名 **Akebia quinata** (Thunb.) Decne.　　属名 木通属

形态特征　落叶木质藤本。小枝灰褐色；幼枝略带紫色，有圆形、突起的皮孔。掌状复叶，小叶5；小叶片纸质，倒卵形或椭圆形，2～6cm×1.5～3.5cm，先端圆或凹入，具小突尖，基部圆形或宽楔形，全缘，中脉上面平，下面略凸起；叶柄纤细。总状花序腋生，基部有雌花1或2朵，暗紫色；其上有雄花4～10朵，较小，紫红色。蓇葖果浆果状，椭球形或长椭球形，长6～8cm，直径2～4cm，熟时暗紫色，腹缝开裂；种子多数，黑色。花期4—5月，果期9—10月。

分布与生境　见于全市各地；生于山地灌木丛、林缘和沟谷中。产于全省各地；分布于长江流域各地；日本及朝鲜半岛也有。

主要用途　茎、根和果药用，具利尿、通乳、消炎等功效；果味甜，可食。

* 宁波有4属5种2亚种。本图鉴全部予以收录。

061 三叶木通

学名 **Akebia trifoliata** (Thunb.) Koidz.　　属名 木通属

形态特征 落叶木质藤本。小枝灰褐色，有稀疏皮孔。掌状复叶，小叶3；小叶片卵形或宽卵形，4～7cm×2～4.5cm，中央小叶通常较大，先端圆钝或略凹入，具小突尖，基部圆形或截形，边缘浅波状，具齿或浅裂；叶柄长5.5～10.5cm。总状花序，长6～12.5cm，下部有1或2朵雌花，萼片3，较大，紫褐色，先端圆而略凹入，开花时反折，花梗稍粗；总花序上部有雄花15～30朵，萼片较小，淡紫色。蓇葖果浆果状，椭球形，直或稍弯，熟时淡红色，腹缝开裂；种子多数，扁圆形，黑褐色。花期4—5月，果期9—10月。

分布与生境 见于余姚、北仑、鄞州、奉化、宁海、象山；生于山地沟谷边疏林或丘陵灌丛中。产于全省各地；分布于西北部分地区及长江流域各地；日本也有。

主要用途 根、茎、果药用，具利尿、通乳、舒筋活络等功效；果可鲜食及酿酒。

062 鹰爪枫

学名 **Holboellia coriacea** Diels　**属名** 鹰爪枫属

形态特征　常绿木质藤本。掌状复叶，小叶3；小叶片革质，椭圆形或椭圆状倒卵形，4～13cm×2～5cm，顶小叶先端渐尖或微凹而有小尖头，基部圆形或楔形，全缘，上面深绿色，有光泽，下面粉绿色，略反卷；叶柄长5～9cm。花雌雄同株，数个簇生于叶腋，组成短的伞房式总状花序；总花梗短或近无；雄花白绿色或紫色，顶端钝，内轮萼片较狭，具棒状退化雌蕊；雌花紫色，与雄花的近似但稍大。果实长圆柱形，熟时紫红色。种子近球形，扁，黑色。花期4—5月，果期9—10月。

分布与生境　见于余姚、北仑、鄞州、奉化、宁海；生于山地林中或路旁灌丛中。产于全省各地；分布于华东、华中及陕西、贵州、四川等地。

主要用途　果可食，亦可酿酒；根和茎皮药用，治关节炎及风湿痹痛；枝叶茂密，可供绿化。

063 大血藤

学名 **Sargentodoxa cuneata** (Oliv.) Rehd. et Wils.　　属名 大血藤属

形态特征 落叶木质藤本。全株无毛。当年小枝暗红色。三出复叶，或兼具单叶；顶生小叶片近菱状倒卵圆形，4～12.5cm×3～9cm，先端急尖，基部渐狭成短柄，全缘，侧生小叶片略大，斜卵形，先端急尖，基部内侧楔形，外侧截形或圆形，上面绿色，下面淡绿色，干时常变成红褐色，无柄；叶柄长3～12cm。总状花序，雄花与雌花同序或异序，同序时雄花生于基部；萼片6，花瓣状，黄绿色，长圆形，顶端钝；花瓣芳香。浆果近球形，熟时蓝黑色。花期4—5月，果期6—9月。

分布与生境 见于慈溪、余姚、北仑、鄞州、奉化、宁海、象山；生于山坡灌丛、疏林和林缘，常攀援于树冠、岩石上。全省丘陵山区均产；分布于华东、华中、华南、西南及陕西等地；老挝、越南北部也有。

主要用途 根状茎药用，具通经活络、散淤止痛、理气行血等功效；枝条可为藤条代用品。

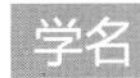

短药野木瓜

学名 **Stauntonia leucantha** Diels ex Y.C. Wu　　**属名** 野木瓜属

形态特征　常绿木质藤本。全体无毛。掌状复叶有小叶5～7；小叶片革质，椭圆状倒卵形或近椭圆形，5～8.5cm×2～3cm，先端急尖，有时渐尖，基部近圆形或宽楔形，上面深绿色，下面灰绿色，基部三出脉，侧脉上面凹下，下面微隆起，边缘微反卷，小叶柄纤细，中间者最长；叶柄长5.5～15.5cm。伞房花序，雌雄同株；雌花，萼片6，2轮，外轮狭披针形或卵状披针形，内轮狭条形，浅绿白色，多少带淡紫色，退化雄蕊6；雄花萼片与雌花相似，但略小。果实浆果状，圆柱形，熟时黄色。花期4—5月，果期8—10月。

分布与生境　见于余姚、北仑、鄞州、奉化、宁海、象山；生于山地疏林或密林中、山谷溪边或丘陵林缘。产于全省丘陵山区；分布于华东及广东、广西、贵州、四川等地。

主要用途　果实可食。

尾叶挪藤

学名 **Stauntonia obovatifoliola** Hayata subsp. **urophylla** (Hand.-Mazz.) H.N. Qin

属名 野木瓜属

形态特征 常绿木质藤本。茎、枝、叶柄均具细条纹。掌状复叶有小叶5～7；小叶片革质，倒卵形、长椭圆状倒卵形或长椭圆形，4～10cm×2～4.5cm，基部1或2小叶较小，先端长尾尖，基部狭圆形或宽楔形，下面主、侧脉均隆起成网格。伞房花序数个簇生于叶腋，每花序具3～5淡黄绿色花。雄花萼片6，2轮，外轮卵状披针形，内轮披针形，无花瓣；雌花萼片与雄花相似。果实浆果状，长椭球形；种子三角形，压扁，基部稍呈心形。花期4月，果期6—7月。

分布与生境 见于余姚、北仑、鄞州、奉化、宁海、象山；生于山谷溪旁疏林或密林中。全省大部分地区均产；分布于江西、福建、广东、广西等地。

主要用途 果可食；枝叶浓密，可用于垂直绿化；根和茎皮可入药。

附种 五指挪藤 ***S. obovatifoliola*** subsp. ***intermedia***，小叶片近匙形，长为宽的3倍，先端短尾尖。见于余姚、北仑、鄞州、奉化、宁海；生于山谷溪旁疏林或密林中，常攀援于树上。

五指挪藤

十二 小檗科 Berberidaceae*

066 长柱小檗 天台小檗

学名 **Berberis lempergiana** Ahrendt 属名 小檗属

形态特征 常绿灌木，高 1～2m。老枝深灰色，幼枝淡灰黄色；茎刺 3 分叉，粗壮。叶片革质，长圆状椭圆形或披针形，3.5～6.5cm×1～2.5cm，先端尖或钝且有小尖头，基部楔形，上面深绿色，有光泽，背面淡绿色，每边具 5～12 细小刺齿，齿端针刺靠近边缘，齿间叶缘较平直；叶柄长 1～5mm。总状花序具 5～15 花；花梗多少带红色；花黄色；萼片 3 轮，花瓣状，宽椭圆形至倒卵形；花瓣 6，先端缺裂。浆果椭球形，熟时深紫色，厚被带蓝色的蜡粉，顶端具长 1mm 的宿存花柱。种子 2 或 3。花期 4—5 月，果期 7—10 月。

分布与生境 见于余姚、奉化、宁海；生于山坡林下灌丛中或山谷溪边；北仑有栽培。产于温州、丽水、淳安、嵊州、开化、天台等地；分布于江西。

主要用途 根皮及茎皮代黄檗药用，具抗菌消炎等功效；也可供绿化观赏。

附种 **拟蠔猪刺** ***B. soulieana***，叶片先端具硬尖刺，边缘具多数刺状锯齿，叶缘之针刺与叶缘呈锐角至近直角，刺齿基部近三角形，齿间叶缘近圆弧形。果熟时红色，顶端具长 0.5mm 的宿存花柱，被白粉。见于余姚；生于海拔 700～800m 的山沟阔叶林下。

* 宁波有 5 属 9 种 1 亚种，其中栽培 3 种 1 亚种。本图鉴全部予以收录。

拟蠔猪刺

067 庐山小檗

学名 **Berberis virgetorum** Schneid.　属名 小檗属

形态特征 落叶灌木，高1.5～2m。幼枝红褐色，老枝灰黄色，具棱；茎刺不分叉，稀3分叉，腹面具槽，顶端尖锐。叶片薄纸质，长圆状菱形，3.5～8cm×1.5～4cm，先端急尖、短渐尖或微钝，基部楔形，渐狭下延，上面暗黄绿色，背面灰白色，全缘，有时稍呈波状；叶柄长1～2cm。总状花序，花黄色；萼片2轮；花瓣基部缢缩成爪，具2枚分离的长圆形腺体。浆果熟时红色，无宿存花柱。花期4—5月，果期9—10月。

分布与生境 见于余姚、鄞州；生于山地灌丛或山谷溪边土壤肥沃处；北仑、奉化、象山有栽培。产于丽水及临安、淳安、永康、天台、瑞安、泰顺等地；分布于华东、华中及广东、广西、陕西、贵州等地。

主要用途 根皮、茎小檗碱含量较高，民间多代黄连、黄檗药用，具清热泻火、抗菌消炎等功效；果红色，可供观赏。

附种1 **紫叶小檗** ***B. thunbergii*** **'Atropurpurea'**，枝条红褐色；叶紫红色，花黄白色。全市各地均有栽培。

附种2 **金叶小檗** ***B. thunbergii*** **'Aurea'**，幼枝及叶片均为金黄色。鄞州、奉化有栽培。

紫叶小檗

金叶小檗

068 六角莲

学名 **Dysosma pleiantha** (Hance) Woodson　　属名 八角莲属

形态特征　多年生草本，高 10～30cm。全株无毛。根状茎粗壮，横走，呈圆形结节状，多须根；茎直立，单生。茎生叶常 2 片，对生；叶片近纸质，盾状着生，近圆形，直径 16～33cm，5～9 微裂，裂片先端急尖，边缘具细刺齿，向下微卷；叶柄长 10～28cm，具纵条棱。花 5～8 朵排成伞形花序状，生于两茎生叶柄交叉处；花梗长 2～4cm，下垂；萼片 6，椭圆状长圆形至卵形，早落；花瓣 6，紫红色，长圆形至倒卵状椭圆形；雄蕊 6，花丝扁平，镰状弯曲，较花药短或近等长。浆果近球形至卵球形，熟时紫黑色。种子多数。花期 4—6 月，果期 7—9 月。

分布与生境　见于慈溪、余姚、北仑、鄞州、奉化、宁海、象山；生于阴湿林下、山谷溪旁。产于全省丘陵山区；分布于长江流域及以南各地。

主要用途　浙江省重点保护野生植物。根状茎药用，具散淤解毒等功效；形态奇特，花色艳丽，可供观赏。

附种　八角莲 *D. versipellis*，茎生叶 1(2) 片；叶片下面被毛或无；花着生于近叶基关节处；花梗有白色长柔毛或无；花萼外面有脱落性长柔毛，萼片舟状，长椭圆形；花瓣勺状倒卵形。见于慈溪；生于海拔 200m 的山坡沟谷林下湿润处。浙江省重点保护野生植物。

八角莲

069 箭叶淫羊藿 三枝九叶草

学名 **Epimedium sagittatum** (Sieb. et Zucc.) Maxim.　　属名 淫羊藿属

形态特征 多年生常绿草本，高25～50cm。根状茎粗短，结节状，质硬，多须根；茎直立，无毛，具棱脊。茎生叶1～3，三出复叶，小叶3；小叶片革质，4～20cm×3～8.5cm，先端急尖或渐尖，基部心形，边缘具刺毛状齿，仅下面疏被毛，顶生小叶基部两侧裂片近相等，圆形，侧生小叶基部偏斜，外裂片远较内裂片大；叶柄长8～12cm，小叶柄长4.5～8cm。花茎具2对生叶。圆锥花序顶生，多花，直立，通常无毛，偶被少数腺毛；萼片2轮，具紫色斑点，内萼片白色；花瓣4，淡棕黄色，距囊状。蓇葖果卵球形，花柱宿存。花期3—4月，果期5—7月。

分布与生境 见于余姚、北仑、鄞州、奉化、宁海；生于海拔200～700m的山坡林下或灌丛中。产于杭州、衢州、丽水及安吉、嵊州、兰溪、天台、临海等地；分布于华东、华中及四川、陕西、甘肃、广东、广西等地。

主要用途 浙江省重点保护野生植物。全草药用，具补精强壮、祛风湿等功效；形态奇特而优美，可供观赏。

070 阔叶十大功劳

学名 **Mahonia bealei** (Fort.) Carr. 属名 十大功劳属

形态特征 常绿灌木，高1～2m。树皮黄褐色，全体无毛。一回奇数羽状复叶；叶片厚革质，狭倒卵形至长圆形，25～40cm×7～20cm；小叶片对生，自基部向上渐次增大，上面蓝绿色，背面黄绿色，被白霜，边缘反卷，侧生小叶片最下一对卵形，具1或2粗锯齿，往上近圆形至卵形或长圆形，基部宽楔形或圆形，偏斜，有时心形，边缘每边具2～6粗锯齿，先端具硬尖，无柄；顶生小叶片较宽大，每边具2～8刺齿，具柄。总状花序6～9簇生，直立于小枝顶端；花黄色；花瓣基部腺体明显，先端微缺。浆果卵球形，熟时深蓝色，被白粉。花期11月至翌年3月，果期翌年4—8月。

地理分布 原产于温州、衢州、丽水及淳安、兰溪等地；分布于华东、华中及广东、广西、贵州、陕西、甘肃等地。全市各地均有栽培。

主要用途 常作庭院观赏植物。

071 十大功劳 狭叶十大功劳

学名 **Mahonia fortunei** (Lindl.) Fedde　　属名 十大功劳属

形态特征　常绿灌木，高 1～2m。树皮灰色，木质部黄色。一回羽状复叶，小叶 5～9(11)；叶轴上面具沟槽；小叶片革质，长椭圆状披针形至披针形，5～12cm×1～2.5cm，上面暗绿色至深绿色，背面淡绿色至黄绿色，边缘每侧自基部以上具 6～14 刺齿，先端急尖或渐尖，基部楔形，侧生小叶片近等长，顶生小叶片最大；小叶片无柄或近无柄。总状花序 4～9 簇生，直立，长 3～5cm；花黄色；花瓣长圆形，全缘。浆果椭球形，长 4～5mm，熟时蓝黑色，被白粉。花期 7—9 月，果期 10—11 月。

地理分布　原产于温州、丽水；分布于华中、西南及广西、江西、台湾等地。全市各地均有栽培。

主要用途　观赏植物；全株药用，具清热解毒、滋阴强壮等功效。

附种　**安坪十大功劳**（湖北十大功劳、刺黄柏）***M. eurybracteata*** subsp. ***ganpinensis***，小叶 9～17；小叶片卵状椭圆形或长圆形，大小不一，边缘每侧中部以上有 2～5 刺齿；总状花序长 5～10cm；浆果倒卵形或长圆形，熟时蓝色或淡红紫色，具宿存花柱。分布于西南及湖北。江北有栽培。

安坪十大功劳

072 南天竹

学名 **Nandina domestica** Thunb.　　属名 南天竹属

形态特征 常绿灌木，高 1～3m。茎常丛生而少分枝，光滑无毛；幼枝常为红色，老后呈灰色。叶互生，三回奇数羽状复叶，集生于茎的上部，长 30～50cm，叶轴具关节，叶柄基部常呈褐色鞘状抱茎；小叶片薄革质，椭圆形或椭圆状披针形，2～8cm×0.5～2cm，先端渐尖，基部楔形，全缘，上面深绿色，冬季变红色，背面叶脉隆起，两面无毛，近无柄。圆锥花序长 20cm 以上，直立；花白色，直径约 6mm，芳香；萼片多轮。浆果球形，顶端具宿存花柱，熟时鲜红色，有时黄色。种子 2，扁球形。花期 5—7 月，果期 8—11 月。

分布与生境 见于奉化、宁海、象山；生于山地林下沟旁、路边或灌丛中；全市各地均有栽培。产于全省丘陵山区；分布于华东、华中、西南及广东、广西、山西、陕西等地；日本、印度也有。

主要用途 为优良绿化观赏植物；根、茎、叶药用，具强筋活络、消炎解毒等功效。

附种 1　细叶南天竹 'Capillaris'，小叶片狭椭圆状披针形。慈溪、鄞州有栽培。

附种 2　火焰南天竹 'Firepower'，植株矮小，株形紧凑，叶片椭圆形或卵形，节间短，秋季叶色由绿变红，持续长久。江北等地有栽培。

附种 3　五彩南天竹 'Porphyrocarpa'，植株矮小，叶片狭长而密集，叶色呈现紫色及绿色、叶缘黄色等多种色彩。慈溪、鄞州等地有栽培。

细叶南天竹

火焰南天竹

五彩南天竹

十三　防己科 Menispermaceae*

073 木防己

学名 **Cocculus orbiculatus** (Linn.) DC.　　属名 木防己属

形态特征　落叶藤本。茎缠绕，纤细而韧，上部分枝表面有纵棱纹；小枝密生柔毛。叶互生；叶片纸质，宽卵形或卵状椭圆形，有时3浅裂，3～14cm×2～9cm，先端急尖、圆钝状或微凹，基部略为心形或截形，全缘或微波状，两面被脱落性柔毛；叶柄被稍密的白色柔毛，具细纵棱。聚伞状圆锥花序腋生或顶生；花小，黄绿色，有短梗；雄花萼片6，2轮，内轮较大；花瓣6，先端2裂，基部两侧耳状，内折；雄蕊6，与花瓣对生；雌花序较短，萼片和花瓣与雄花相同，雄蕊退化。核果近球形，熟时蓝黑色，表面被白粉；果核骨质，扁马蹄形，两侧有小横纹。花期5—6月，果期7—9月。

分布与生境　见于全市各地；生于灌丛、村边、林缘等处，常缠绕于灌木或草丛中。产于全省各地；分布于华东、华南、西南及陕西等地；亚洲东南部、东部及夏威夷群岛也有。

主要用途　根入药，具祛风止痛、行水清肿、解毒降压之效。

* 宁波有5属7种。本图鉴全部予以收录。

074 秤钩风 青风藤

学名 **Diploclisia affinis** (Oliv.) Diels 属名 秤钩风属

形态特征 木质藤本。枝紫褐色；小枝带黄绿色，具细纵纹；腋芽2，叠生。叶互生；叶片纸质或近革质，三角状宽卵形或菱状宽卵形，4～7cm×4～9cm，先端短尖或钝而具小突尖，基部常近截平至浅心形，边缘具明显或不明显的波状圆齿；掌状脉常5，细脉明显；叶柄与叶片近等长或较长。聚伞花序腋生，总梗直；雄花花瓣6，2轮，白色，基部耳形，内折抱着花丝；雌花花萼、花瓣与雄花同，具退化雄蕊。核果熟时红色。花期4—5月，果期7—9月。

分布与生境 见于慈溪、余姚、北仑、鄞州、奉化、宁海、象山；生于林缘或疏林中。产于浙江南部至东部；分布于长江流域及以南至两广北部；亚洲热带地区也有。

主要用途 藤、叶药用，具解毒、祛风除湿等功效；枝叶清秀，秋叶转黄，果红色，可供观赏。

075 细圆藤

学名 **Pericampylus glaucus** (Lam.) Merr.　　属名 细圆藤属

形态特征 木质藤本。小枝被灰黄色绒毛，具条纹；老枝无毛，紫褐色。叶互生；叶片纸质至薄革质，卵状三角形，长、宽各5～10cm，先端钝或急尖，基部近截平至心形，两面被脱落性绒毛或老时仅在脉上疏生柔毛；掌状脉3或5；叶柄较长，被绒毛。聚伞状圆锥花序腋生；雄花序2或3簇生，被疏柔毛，雄花萼片背面多少被毛，花瓣6，边缘内卷，雄蕊6；雌花萼片和花瓣与雄花相似，柱头2裂，具退化雄蕊。核果球形，红色或紫色。花期4—6月，果期9—10月。

分布与生境 见于北仑、宁海、象山；生于林中、林缘和灌丛中。产于温州等地；分布于长江流域及以南各地；亚洲东南部至伊里安岛也有。

主要用途 细长的枝条是编织藤器的重要原料；根药用，主治小儿惊风等症。

076 防己 汉防己

学名 **Sinomenium acutum** (Thunb.) Rehd. et Wils.　　属名 汉防己属

形态特征　落叶木质藤本。茎圆柱状，灰褐色；小枝无毛，具细沟纹。叶互生；叶片革质至纸质，心状圆形至阔卵形，6～12cm×4～10cm，先端渐尖，基部圆形、心形或截形，全缘，基部叶常5～7浅裂，上部叶有时3～5浅裂，上面浓绿色，有光泽，下面苍白色，近无毛，掌状脉5或7，两面凸起；叶柄长6～10cm。圆锥花序腋生；花小，淡绿色；雄花萼片6，背面被柔毛，花瓣6，长约为萼片的一半；雌花序较雄花序短，具退化雄蕊。核果熟时蓝黑色。花期6—7月，果期8—9月。

分布与生境　见于慈溪、余姚、镇海、北仑、鄞州、奉化、宁海、象山；生于林缘、沟边及路旁。产于全省山区、半山区；分布于华东、华中、西南及山西；日本、印度、尼泊尔、泰国也有。

主要用途　根、茎可治风湿关节痛；枝条细长，是制藤椅等藤器的原料。

077 金线吊乌龟 头花千金藤

学名 **Stephania cepharantha** Hayata　　属名 千金藤属

形态特征　落叶藤本。全株无毛。块根扁圆形，褐色，皮孔突起；小枝紫红色，纤细。叶片纸质，三角状近圆形，长5～9cm，宽与长近等长或略宽，先端圆钝，具小突尖，基部近截平或向内微凹，全缘或微波状，上面绿色，下面粉白色，两面无毛，掌状脉5～9；叶柄盾状着生。头状花序，具盘状花托；花小，淡绿色；雄花序常作总状花序式排列，雌花序单个腋生；雄花萼片4～6，花瓣3～5，雄蕊6；雌花萼片3～5，无退化雄蕊。核果球形，熟时紫红色。花期4—5月，果期6—7月。

分布与生境　见于慈溪、余姚、北仑、鄞州、奉化、宁海、象山；生于阴湿山坡、路旁、村边、旷野、林缘。产于全省山区、半山区；分布于长江以南各地；亚洲和美洲的热带至温带地区也有。

主要用途　根药用，主治风湿痹痛、毒蛇咬伤及各种出血等症。

附种1　千金藤*S. japonica*，块茎粗长，不肥厚；叶片厚纸质，卵形至宽卵形，长大于宽；小聚伞花序再组成伞状。见于除市区外全市各地；生于村边或旷野灌丛中。

附种2　石蟾蜍（粉防己）***S. tetrandra***，块根肥厚，长圆柱形；叶片宽三角状卵形，两面伏生短毛。见于余姚、北仑、鄞州、奉化、宁海、象山；生于村边、旷野、路边等处的灌丛中。

千金藤

石蟾蜍

十四　木兰科 Magnoliaceae*

078 披针叶茴香 红毒茴 莽草

学名 **Illicium lanceolatum** A.C. Smith　**属名** 八角属

形态特征　常绿小乔木，高3～10m。树皮灰褐色。小枝、叶、叶柄均无毛，具香气。叶片革质，披针形、倒披针形或倒卵状椭圆形，5～15cm×1.5～4.5cm，先端尾尖或渐尖，基部窄楔形；花腋生或近顶生；花被片10～15，肉质，轮状着生，外轮3片绿色，其余红色。聚合果有蓇葖10～14，蓇葖先端有长而弯曲的尖头；果梗纤细。花期5—6月，果期8—10月。

分布与生境　见于余姚、北仑、鄞州、奉化、宁海、象山；常生于阴湿峡谷和溪流沿岸的混交林、疏林、灌丛中。产于杭州、温州、丽水、安吉、开化等地；分布于华东、华中及贵州等地。

主要用途　果和叶可提取芳香油，为高级香料；全株有毒，尤以果实毒性最强；根药用，具祛风除湿、散淤止痛等功效；枝叶浓绿，可供绿化观赏。

* 宁波有9属39种1杂种3亚种2变种4品种，其中栽培31种1杂种1亚种2变种4品种。本图鉴收录8属25种1杂种3亚种2变种3品种，其中栽培17种1杂种1亚种2变种3品种。

079 南五味子

学名 **Kadsura longipedunculata** Finet et Gagnep.　**属名** 南五味子属

形态特征　常绿木质藤本。全株无毛；小枝圆柱形，褐色或紫褐色，疏生皮孔或不明显。叶片软革质，椭圆形或椭圆状披针形，5～13cm×2～6cm，先端渐尖，基部楔形，上面具淡褐色透明腺点，边有疏齿。花单性，雌雄异株；单生于叶腋，芳香；花被片淡黄色或白色；雄花花梗长 0.7～4.5cm，雌花花梗长 3～13cm。聚合浆果球形，深红色至暗紫色。花期 6—9 月，果期 9—12 月。

分布与生境　见于除市区外全市各地；生于山坡、林中、沟边。产于全省丘陵山区；分布于长江流域及以南各地。

主要用途　根、茎、叶、种子药用，具滋补强壮、镇咳等功效；茎、叶、果实可提取芳香油；果可食；也可供观赏。

080 鹅掌楸 马褂木

学名 **Liriodendron chinense** (Hemsl.) Sarg. **属名** 鹅掌楸属

形态特征 落叶乔木，高达30m。树皮浅灰色；小枝灰褐色。叶片马褂状，长6～16cm，先端平截或微凹，近基部具1对侧裂片，上面深绿色，下面苍白色，具乳头状白粉点，中脉隆起，圆滑无棱，两面无毛；叶柄长4～14cm。花杯状，直径约5cm，花被片9，3轮，外轮3片绿色，萼片状，向外弯垂，长4～4.7cm，内两轮花瓣状，长3～4cm，直立，黄绿色，边缘色淡，内面具黄色纵条纹；花丝长5～6mm；花时雌蕊群超出花被片之上。聚合果纺锤形，长5～6cm，具翅小坚果长约1.5cm，顶端钝或钝尖，具1或2种子。花期5月，果期9—10月。

地理分布 原产于杭州、温州、丽水、安吉、黄岩、天台等地；分布于华中、华东、西南及陕西等地；越南北部也有。全市各地均有栽培。

主要用途 国家Ⅱ级重点保护野生植物。树干挺直，树冠伞形，叶形奇特，可供观赏；珍贵速生用材树种。

附种1 **北美鹅掌楸** ***L. tulipifera***，树皮深褐色，深纵裂。小枝褐色或紫褐色；叶片近基部具2或3对侧裂片，下面无白粉，主、侧脉初时具毛，中脉具棱；内两轮花被片长4～6cm，黄绿色，下部有一块不规则的深橘色斑纹；花丝长1～1.5cm；花时雌蕊群不超出花被片之上；翅状小坚果顶端急尖。原产于北美东南部。慈溪、鄞州等地有栽培。

附种2 **金边北美鹅掌楸** ***L. tulipifera* 'Aureo-marginatum'**，叶片边缘具宽窄不一的乳黄色圈带。慈溪有栽培。

附种3 **杂交鹅掌楸**（亚美马褂木）***L. × sino-americanum***，树皮深灰色，纵裂；叶片近基部具1或2对侧裂片，下面中脉有棱；花被片外轮3片绿色，内面带黄色脉纹，内两轮深黄色；雌蕊群花时通常不超过花被片。慈溪、余姚、北仑、鄞州、奉化、宁海、象山等地有栽培。

北美鹅掌楸

金边北美鹅掌楸

杂交鹅掌楸

081 天目木兰

学名 **Magnolia amoena** Cheng　　属名 木兰属

形态特征　落叶乔木，高达10m。树皮灰色，平滑；嫩枝细弱，绿色，无毛；顶芽密被平伏白色长绢毛。叶片倒披针形或倒披针状椭圆形，9～15cm×3～5cm，先端渐尖或尾状急尖，基部宽楔形，上面无毛，下面幼时叶脉及脉腋有白色弯曲长毛；侧脉10～13对；叶柄长8～13mm，托叶痕为叶柄长的1/5～1/3。花先叶开放，红色或淡红色，芳香，直径约6cm；花被片9，全部为花瓣状，倒披针形或匙形。聚合果圆柱形，常弯曲；果梗残留有长柔毛。花期3—4月，果期9—10月。

分布与生境　见于慈溪、余姚、北仑、鄞州、奉化、宁海、象山；生于海拔150～700m的山坡、谷地阔叶林中；市区有栽培。产于湖州及临安、诸暨、龙泉、泰顺等地；分布于华东及河北。

主要用途　浙江省重点保护野生植物。花大色艳，为优良观赏树种；花蕾药用，具有润肺止咳、利尿、解毒等功效；可作木兰科树种嫁接育苗的砧木。

附种　**望春木兰** ***M. biondii***，花较小，外轮3枚花被片萼片状。原产于陕西、甘肃、河南、湖北、四川等省。奉化、宁海等地有栽培。

望春木兰

082 黄山木兰

学名 **Magnolia cylindrica** Wils.　　属名 木兰属

形态特征　落叶乔木，高达10m。树皮淡灰白色，平滑；嫩枝、叶柄、叶背、花梗被淡黄色平伏毛；老枝紫褐色；皮揉碎有辛辣香气。叶片倒卵形或倒卵状长椭圆形，6～13cm×3～6cm，先端钝尖或圆，基部楔形下延，上面绿色，下面灰绿色，被伏贴短绢毛；叶柄长1～2cm，有狭沟；托叶痕为叶柄长的1/6～1/4。花先叶开放，无香气，花被片9，外轮3片萼片状，绿色，内两轮白色，匙形或倒卵形，外面基部有不同程度的紫红色。聚合果圆柱形，下垂，熟时带暗红色，蓇葖间有不同程度的愈合。花期4—5月，果期8—9月。

分布与生境　见于余姚、宁海；生于海拔600～900m的山坡林中；余姚、奉化有栽培。产于温州、衢州、丽水及临安、淳安、上虞、婺城、临海、仙居等地；分布于华东、华中。

主要用途　花美丽，用于绿化观赏。

083 玉兰

学名 **Magnolia denudata** Desr.　　属名 木兰属

形态特征 落叶乔木，高达15m。树皮深灰色，粗糙开裂；小枝淡灰褐色，较粗壮；冬芽及花梗密被灰绿色开展柔毛。叶片宽倒卵形或倒卵状椭圆形，8～18cm×6～10cm，先端宽圆或平截，具短突尖，基部楔形，全缘，下面被柔毛；叶柄长1～2.5cm，被柔毛，上面具狭纵沟。花先叶开放，直径12～15cm，大而显著；花被片9，长圆状倒卵形，白色，背面近基处常带紫红色。聚合果不规则圆柱形，部分心皮不发育，蓇葖厚木质，具白色皮孔。种子的外种皮红色，内种皮黑色。花期2—4月，果期9—10月。

分布与生境 见于余姚、北仑、鄞州、奉化、宁海、象山；散生于海拔200～600m的沟谷、山坡林中；全市各地均有栽培。产于全省山区；分布于华东、华中、西南及陕西、广东。

主要用途 为优良的早春庭院观赏树种；材质优良，供制家具；花蕾药用，具散风通窍等功效；花被片可食；种子可榨油。

附种 飞黄玉兰 **'Fei Huang'**，花呈淡黄色或黄绿色，花期较玉兰稍迟。由玉兰的芽变枝选育而来。全市各地均有栽培。

飞黄玉兰

084 广玉兰 荷花玉兰

学名 **Magnolia grandiflora** Linn. 属名 木兰属

形态特征 常绿乔木，高达30m。树皮灰褐色，薄鳞片状开裂；小枝髓心具横隔；小枝、芽、叶下面及叶柄均密被锈褐色短绒毛。叶片厚革质，椭圆形或倒卵状椭圆形，10～20cm×4～10cm，先端钝或钝尖，基部楔形，上面深绿色，有光泽，边缘微向下反卷；叶柄粗壮，无托叶痕，具深沟。花大，直径15～20cm，白色，芳香；花被片9～12，厚肉质，倒卵形；花丝扁平，紫色；雌蕊群密被长绒毛。聚合果狭卵状圆柱形，密被褐色或淡灰黄色绒毛；蓇葖背裂，顶端外侧具长喙；种子外种皮红色。花期5—6月，果期9—11月。

地理分布 原产于北美洲东南部。全市各地均有栽培。

主要用途 庭院绿化观赏树种；木材可供装饰材用；叶、幼枝和花可提取芳香油；叶药用，具降血压等功效。

附种 **狭叶广玉兰** var. ***lanceolata***，叶片长椭圆形或长披针形，嫩叶下面淡绿色，无毛或仅被极稀疏毛。鄞州、奉化有栽培。

狭叶广玉兰

085 紫玉兰

学名 **Magnolia liliiflora** Desr.　　属名 木兰属

形态特征　落叶灌木，高达3m。常丛生，树皮灰褐色，小枝绿紫色或淡褐紫色。叶片椭圆状倒卵形或倒卵形，8～18cm×3～8cm，先端急尖或渐尖，基部楔形，幼时上面疏生短柔毛，下面沿脉有短柔毛；侧脉8～10对，叶柄长0.8～2cm；托叶痕长约为叶柄之半。花先叶或与叶同放；花被片9，外轮3片绿色，萼片状，内两轮外面紫色或紫红色，内面白色带紫，花瓣状。聚合果熟时褐色，顶端具短喙。花期3—4月，果期8—9月。

地理分布　原产于西南及福建、湖北、陕西。全市各地均有栽培。

主要用途　著名的庭院观花树种。花蕾药用，称“辛夷”，具镇痛、消炎等功效。

086 凹叶厚朴

学名 **Magnolia officinalis** Rehd. et Wils. subsp. **biloba** (Rehd. et Wils.) Law　属名 木兰属

形态特征　落叶乔木，高达15m。树皮白色，不裂，有突起圆形皮孔；小枝粗壮；顶芽大，狭卵状圆锥形，无毛。叶常7～9片聚生于枝端；叶片近革质，长圆状倒卵形，20～30cm×8～17cm，先端圆钝，凹缺至深凹，基部楔形，全缘，上面绿色，无毛，下面灰绿色，被灰色柔毛和白粉；叶柄粗壮；托叶痕长为叶柄的2/3。花大，直径约15cm，芳香，与叶同放；花梗粗短，被长柔毛；花被片9～12，肉质，外轮3片淡绿色，外面有紫色斑点，其他花被片白色，大小不等；雄蕊花丝短，红色。聚合果长圆状卵球形，基部较窄。花期4—5月，果期9—10月。

分布与生境　见于奉化、宁海；生于海拔500～700m的山坡、沟谷阔叶林中；余姚、北仑、鄞州等地有栽培。产于杭州、金华、台州、丽水及安吉、嵊州、新昌、开化、常山等地；分布于华东、华中、西南及广东、广西、陕西、甘肃等地。

主要用途　国家Ⅱ级重点保护野生植物。树皮、花、种子药用，树皮为著名中药“厚朴”，具行气化湿、温中止痛、降逆平喘等功效；种子具有明目益气等功效，也可榨油供制肥皂；树形优美，叶片硕大，花大美丽，可作庭院绿化树种。

附种　**厚朴** ***M. officinalis***，叶片先端具短急尖或圆钝，聚合果基部宽圆。原产于华中及陕西、甘肃、四川、贵州。余姚、奉化、宁海、象山有栽培。

厚朴

087 二乔玉兰

学名 **Magnolia soulangeana** Soul.-Bod. 属名 木兰属

形态特征 落叶小乔木，高6～10m。小枝褐色，无毛。叶片倒卵形，6～15cm×4～7.5cm，先端短急尖，基部楔形，上面基部中脉常残留有毛，下面多少被柔毛，侧脉7～9对，干时两面网脉凸起；叶柄被柔毛；托叶痕约为叶柄长的1/3。花先叶开放，花被片6～9，紫红色，内侧呈白色。聚合果长约8cm，蓇葖卵形，熟时黑色，具白色皮孔。花期2—3月，果期9—10月。

地理分布 为玉兰与紫玉兰的杂交种。全市各地均有栽培。

主要用途 花大繁密，是优良的庭院树种。

附种 **红运玉兰 'Hongyun'**，花瓣较宽短；一年开2或3次花。由二乔玉兰芽变选育而来。全市各地普遍栽培。

红运玉兰

088 红花木莲 红色木莲

学名 **Manglietia insignis** (Wall.) Bl.　　属名 木莲属

形态特征　常绿乔木，高达30m。小枝无毛或幼嫩时在节上被锈褐色柔毛。叶片革质，倒披针形、长圆形或长圆状椭圆形，10～26cm×4～10cm，先端渐尖或尾状渐尖，自2/3以下渐窄至基部，上面无毛，下面中脉具红褐色柔毛或散生平伏微毛。花芳香；花梗粗壮，离花被片下约1cm处具1苞片脱落环痕；花被片9～12，外轮3片褐色，腹面红色或紫红色，内两轮乳白带有粉红色。聚合果紫红色；蓇葖背缝全裂，具乳头状突起。花期5—6月，果期8—9月。

地理分布　原产于西南及湖南、广西；尼泊尔、印度、泰国、缅甸也有。慈溪、余姚、鄞州、象山及市区有栽培。

主要用途　木材为家具等优良用材；花色美丽，可供观赏。

089 乳源木莲

学名 **Manglietia yuyuanensis** Law　　属名 木莲属

形态特征 常绿乔木，高达20m。树皮灰褐色，平滑；小枝黄褐色；除芽鳞被金黄色平伏柔毛外，余均无毛。叶片薄革质，倒披针形、狭倒卵状长圆形或狭长圆形，8～14cm×2.5～4cm，先端渐尖，稀短尾尖，基部宽楔形至窄楔形，上面深绿色，下面淡灰绿色，边缘稍背卷，侧脉8～14对；叶柄上面具渐宽的沟。花梗具1苞片脱落环痕；花被片9，3轮，外轮3片绿色，薄革质，内两轮肉质，纯白色。聚合果卵球形，熟时褐色，长2.5～3.5cm。花期3—5月，果期9—10月。

分布与生境 见于宁海；生于海拔300～400m的山坡、山谷常绿阔叶林中；余姚、北仑、鄞州、奉化、象山及市区有栽培。产于杭州、衢州、台州、丽水、温州及安吉、诸暨、武义等地；分布于华东及湖南、广东。

主要用途 树干通直，枝叶亮绿茂密，花美丽，可供观赏；树皮入药，可通便、止咳；果实具疏肝理气、润肠止咳之功效。

090 白兰

学名 **Michelia alba** DC.　　属名 含笑属

形态特征　常绿乔木，原产地高达17m。树皮灰色；嫩枝及芽密被脱落性淡黄白色柔毛。叶片薄革质，长椭圆形或披针状椭圆形，10～27cm×4～9.5cm，先端长渐尖或尾状渐尖，基部楔形，上面无毛，下面疏生微柔毛；叶柄长1.5～3cm，疏被微柔毛；托叶痕几达叶柄中部。花白色，极香；花被片10以上，披针形，长3～4cm；心皮通常部分不发育。未见结实。花期4—9月，夏季盛开。

地理分布　原产于印度尼西亚爪哇。全市各地有栽培。

主要用途　著名的庭院及盆栽观赏树种；花可提取香精或用于熏制花茶。

091 乐昌含笑

学名 **Michelia chapensis** Dandy　**属名** 含笑属

形态特征　常绿乔木，高15～30m。树皮灰色至深褐色；小枝无毛或嫩时节上被灰色微柔毛。叶片薄革质，倒卵形、狭倒卵形或长圆状倒卵形，6.5～16cm×3.5～7cm，先端骤狭短渐尖，基部楔形，上面深绿色，有光泽，边缘波状；叶柄长1.5～2.5cm，无托叶痕。花梗被平伏灰色微柔毛，具2～5苞片脱落痕；花被片6，淡黄色，芳香，雌蕊群柄密被银灰色平伏微柔毛。聚合果长约10cm。种子外种皮红色。花期3—4月，果期8—9月。

地理分布　原产于江西、湖南、广东、广西、贵州、云南；越南也有。全市各地均有栽培。

主要用途　树干高大通直，枝叶浓绿，可作绿化观赏。

092 含笑

学名 **Michelia figo** (Lour.) Spreng. **属名** 含笑属

形态特征 常绿灌木，高 2～3m。树皮灰褐色，分枝繁密；芽、嫩枝、叶柄、花梗均密被黄褐色绒毛。叶片狭椭圆形或倒卵状椭圆形，4～10cm×1.8～4.5cm，先端钝尖，基部楔形，上面无毛，下面中脉有褐色平伏毛；叶柄长 2～4mm；托叶痕长达叶柄顶端。花具甜浓的芳香；花被片 6，质厚，淡黄色而边缘有时红色或紫色；雌蕊群无毛，雌蕊群柄被淡黄色绒毛。聚合果长 2～3.5cm，无毛；蓇葖先端有短尖的喙。花期 3—5 月，果期 7—8 月。

地理分布 原产于华南南部。全市各地普遍栽培。

主要用途 常见庭院观赏树木；花瓣可用于熏制花茶。

附种 **紫花含笑 *M. crassipes***，雌蕊群及聚合果均有毛；花被片质薄，深紫色。原产于江西、广东、广西、湖南。慈溪、北仑有栽培。

紫花含笑

093 金叶含笑

学名 **Michelia foveolata** Merr. ex Dandy　　属名 含笑属

形态特征　常绿乔木，高达30m。树皮灰色；芽、幼枝、叶柄、叶背、花梗密被红褐色短绒毛。叶片厚革质，长椭圆形、椭圆状卵形或阔披针形，17～23cm×6～11cm，先端渐尖或短渐尖，基部宽楔形、圆钝或近心形，通常两侧不对称，上面深绿色，有光泽，下面被红铜色短绒毛；叶柄长1.5～3cm，无托叶痕。花梗具3或4苞片脱落痕；花被片9～12，淡黄绿色，基部带紫色；雌蕊群柄被银灰色短绒毛。聚合果长7～20cm。花期3—5月，果期9—10月。

地理分布　原产于华中、华南及江西、福建、贵州、云南；越南北部也有。镇海、北仑、奉化、宁海、象山有栽培。

主要用途　树干高大通直，枝叶浓绿，新叶及花美丽，用于绿化观赏。

附种　**灰毛含笑** var. ***cinerascens***，嫩枝、叶柄及叶背被灰白色柔毛。原产于庆元、泰顺；分布于福建、广东、云南。全市各地均有栽培。

094 醉香含笑 火力楠

学名 **Michelia macclurei** Dandy　　属名 含笑属

形态特征　常绿乔木，高达 30m。树皮灰白色，光滑不裂；芽、嫩枝、叶柄、托叶及花梗均被红褐色紧贴短绒毛。叶片革质，倒卵形、椭圆状倒卵形、菱形或长圆状椭圆形，7～14cm×5～7cm，先端短急尖或渐尖，基部楔形或宽楔形，上面被脱落性短柔毛，下面被灰褐色平伏短绒毛，侧脉每边 10～15 条，网脉细，蜂窝状；叶柄长 2.5～4cm，上面具狭纵沟，无托叶痕。花梗具 2 或 3 苞片脱落痕；花被片 9，白色，匙状倒卵形或倒披针形；雌蕊群柄密被褐色短绒毛。聚合果长 3～7cm。花期 3—4 月，果期 9—11 月。

地理分布　原产于华南及云南；越南北部也有。慈溪、镇海、鄞州、奉化、宁海有栽培。

主要用途　材质优良，是家具的优质用材；花芳香，可提取香精油；也是美丽的庭院和行道树种。

095 深山含笑

学名 **Michelia maudiae** Dunn　　属名 含笑属

形态特征 常绿乔木，高达20m。全株无毛；树皮薄，浅灰色或灰褐色；芽、嫩枝、叶下面、苞片均被白粉。叶片革质，长圆状椭圆形，7～18cm×3.5～8.5cm，先端急尖或钝尖，基部楔形或近圆钝，上面深绿色，下面灰绿色。叶柄长1～3cm，无托叶痕。花梗绿色，具3环状苞片脱落痕，佛焰苞状苞片淡褐色；花被片9，白色，芳香，直径7～9cm。雌蕊群柄长5～8mm。聚合果长7～15cm；蓇葖先端有短尖头。花期2—3月，果期9—10月。

地理分布 原产于温州、台州、丽水；分布于华东及湖南、广东、广西、贵州。全市各地均有栽培。

主要用途 材质优良；枝叶浓绿，花纯白艳丽，可观赏；叶可提取浸膏；花蕾药用，具散风寒、通鼻窍、行气止痛等功效。

096 阔瓣含笑 云山白兰

学名 **Michelia platypetala** Hand.-Mazz.　**属名** 含笑属

形态特征 常绿乔木，高达20m。树皮灰褐色；嫩枝、芽、嫩叶、叶柄均被红褐色绢毛。叶片薄革质，长圆形、椭圆状长圆形，11～20cm×4～6cm，先端渐尖或短渐尖，基部宽楔形或圆钝，下面被灰白色或杂有红褐色平伏微柔毛；叶柄长1～3cm，无托叶痕。花梗通常具2苞片脱落痕，被平伏毛；花被片9，白色；雌蕊群圆柱形，长6～8m，被灰色及金黄色微柔毛。聚合果长5～15cm，蓇葖具灰白色皮孔；种子外种皮淡红色。花期3—4月，果期8—9月。

地理分布 原产于华中及广东、广西、贵州。镇海、北仑、宁海、象山有栽培。

主要用途 枝叶浓绿，花美丽，用于绿化观赏。

097 乐东拟单性木兰

学名 **Parakmeria lotungensis** (Chun et Tsoong) Law **属名** 拟单性木兰属

形态特征 常绿乔木，高达30m。树皮灰白色；当年生枝绿色，嫩枝、叶背、叶柄及芽均深绿色，无白粉。叶片革质，椭圆形或倒卵状椭圆形，6～11cm×2～5cm，先端钝尖，基部楔形，沿叶柄下延，有光泽，边缘软骨质，略反卷，中脉两面凸起；叶柄长1.5～2cm，无托叶痕。花白色，杂性；花被片9～14，顶端圆，外轮3或4片浅黄色，开放时微反曲外弯，内轮向内弯曲；雄花花托顶端长锐尖。聚合果长圆柱形，或呈简单的蓇果状；种子外种皮红色。花期4—5月，果期10—11月。

地理分布 原产于温州、丽水；分布于华南及江西、福建、湖南、贵州等地。全市各地均有栽培。

主要用途 树干高大、通直，枝叶浓绿，花美丽，用于栽培观赏；也可做用材树种。

附种 **光叶拟单性木兰** ***P. nitida***，嫩枝、叶背、叶柄及芽均被白粉；花两性；花被片顶端突尖，外轮花被片背面紫红色。原产于西藏、云南；缅甸北部也有。慈溪、鄞州有栽培。

光叶拟单性木兰

098 翼梗五味子 东南五味子

学名 **Schisandra henryi** Clarke subsp. **marginalis** (A.C. Smith) R.M.K. Saunders　属名 五味子属

形态特征　落叶木质藤本。幼枝淡绿色，老枝紫褐色，具宽 1～2.5mm 的翅棱，被白粉；皮孔明显；芽鳞大，宿存，无毛。叶片宽卵形、宽椭圆状卵形，6～11cm×3～8cm，先端渐尖或短尾状，基部楔形，下面被白粉，叶缘疏生细浅齿瘤乃至全缘；叶柄长 2～5cm。花单性，雌雄异株，单生于叶腋，黄绿色；花梗长 4～7cm；花被片 6～10；雄花有雄蕊 28～40；雌花内雌蕊群有心皮约 50。聚合果有小浆果 15～45，红色。种皮有瘤状突起。花期 5—7 月，果期 8—10 月。

分布与生境　见于北仑、宁海；生于溪沟边林下。产于全省山区；分布于长江流域及以南各地。

主要用途　茎药用，具通经活血、强筋壮骨等功效。

099 华中五味子

学名 **Schisandra sphenanthera** Rehd. et Wils.　**属名** 五味子属

形态特征 落叶木质藤本。全株无毛；小枝红褐色，密生黄色瘤状皮孔。叶片薄纸质，椭圆形、宽卵形或倒卵状长椭圆形，5～11cm×2～7cm，通常最宽处在中部以上，先端短急尖或渐尖，基部楔形或宽楔形，上面深绿色，下面淡灰绿色，有白色点，1/2～2/3 以上边缘具波状齿，网脉不明显；叶柄红色。花生于近基部叶腋，单性，雌雄异株；花被片 5～9，橙黄色。聚合果穗状，红色，轴粗；果梗较细，长 3～13cm。种皮光滑。花期 4—6 月，果期 6—10 月。

分布与生境 见于除市区外全市各地；生于湿润山坡边或灌丛中。产于全省山区、半山区；分布于华东、华中、西南及山西、陕西、甘肃等地；东南亚、南亚也有。

主要用途 果药用，同“五味子”，具敛肺止咳、滋补涩精、止泻止汗等功效；可用作垂直绿化。

附种 绿叶五味子 ***S. arisanensis*** subsp. ***viridis***，叶片卵状椭圆形，通常最宽处在中部以下，两面网脉明显；种皮具皱纹或瘤点。见于余姚、鄞州、宁海；生于山沟、溪谷丛林或林间。

绿叶五味子

十五　蜡梅科 Calycanthaceae*

100 美国蜡梅

学名 **Calycanthus floridus** Linn.　　属名 美国蜡梅属

形态特征　落叶灌木，高达4m。幼枝、叶两面和叶柄均密被短柔毛。叶片椭圆形、长圆形或卵圆形，5～15cm×2～6cm，叶面粗糙，叶背苍绿色；叶柄长3～10mm。花红褐色，直径4～7cm，芳香；花被片条形、长圆状条形、条状倒卵形至椭圆形，2～4cm×3～8mm，两面被短柔毛，内面的花被片通常较短小。果托长圆状筒形至梨形，被短柔毛，顶口收缩，内有瘦果5～35个；瘦果椭球形，茶褐色，被毛。花期4—6月，果期9—10月。

地理分布　原产于北美。鄞州有栽培。

主要用途　花色艳丽，有香气，为优良观赏植物。

* 宁波栽培有3属4种。本图鉴全部予以收录。

101 蜡梅

学名 **Chimonanthus praecox** (Linn.) Link　属名 蜡梅属

形态特征　落叶灌木，高达4m。叶片纸质至近革质，椭圆形、椭圆状卵形或椭圆状披针形，5～20cm×2～8cm，先端渐尖，基部楔形、宽楔形或圆形，近全缘，上面粗糙。花单生叶腋，芳香；花被片约16，蜡黄色，无毛，有光泽，外花被片椭圆形，先端圆，内花被片小，椭圆状卵形，先端钝，基部有爪，具有褐色斑纹。果托卵状长椭球形，长3～5cm。花期11月至翌年2月，果期翌年6—7月。

地理分布　原产于陕西秦岭、湖北神农架和我省杭州（临安、富阳、西湖）。全市各地均有栽培。

主要用途　浙江省重点保护野生植物。花芳香美丽，寒冬腊月开放，是我国传统的庭院观赏花木，栽培历史悠久；根、叶药用，具理气止痛、散寒解毒等功效；花具解暑生津等功效。

102 浙江蜡梅

学名 **Chimonanthus zhejiangensis** M.C. Liu 属名 蜡梅属

形态特征 常绿灌木，高达3m。全株具香气。叶片革质，卵状椭圆形至椭圆形，先端渐尖，基部楔形至宽楔形，5～13cm×2.5～4cm，上面深绿色，光亮，下面淡绿色，两面无毛；叶柄长0.5～0.8cm。花单生叶腋，稀双生，淡黄色；花被片16～20，背面均有短柔毛，外花被片卵圆形，中部花被片长条状披针形，内花被片披针形，具爪。果托薄而小，钟形，先端微收缩，口部四周退化雄蕊木质化；瘦果椭球形，暗褐色，有柔毛，果脐周围领状隆起。花期10—12月，果期翌年6—7月。

分布与生境 产于温州、丽水；分布于福建。北仑、鄞州、奉化有栽培。

主要用途 叶提炼香精；药用具抗菌、消炎、抗病毒、增强肌体免疫力等功效。

103 夏蜡梅

学名 **Sinocalycanthus chinensis** Cheng et S.Y. Chang **属名** 夏蜡梅属

形态特征 落叶灌木，高 2～3m。小枝对生，二歧状，叶柄内芽。叶片薄纸质，宽卵状椭圆形至倒卵状圆形，长 13～27cm×8～16cm，先端短尖，基部宽楔形或圆形，具浅细齿。花大，直径 4.5～7cm，无香气；外花被片 10～14，倒卵形或倒卵状匙形，长 1.4～3.6cm，白色，边缘淡紫红色，有脉纹，内花被片 7～16，中部以上淡黄色，中部以下白色，内面基部有淡紫红色斑纹。果托钟状，近顶口收缩，密被柔毛，顶端有 14～16 钻形膨大附属物；瘦果椭球形，褐色，被绢毛。花期 5—6 月，果期 9—11 月。

地理分布 原产于安吉、临安、天台、东阳；分布于安徽。鄞州、奉化有栽培。

主要用途 浙江省重点保护野生植物。花大美丽，可供观赏。

十六　樟科 Lauraceae*

104 华南樟

学名 **Cinnamomum austro-sinense** H.T. Chang　　属名 樟属

形态特征　常绿乔木，高达20m。树皮灰褐色，平滑；小枝略具棱脊而稍扁，被灰褐色贴伏短柔毛。叶近对生或互生；叶片薄革质或革质，椭圆形，14～20cm×6～8cm，先端急尖至渐尖，基部钝，全缘，上面幼时被脱落性浅灰黄色微柔毛，下面密被浅灰黄色平伏短柔毛，三出脉或离基三出脉；叶柄密被贴伏而短的灰褐色微柔毛。圆锥状聚伞花序生于当年生枝的叶腋，密被平伏浅灰黄色短柔毛；花黄绿色。果实椭球形，果托浅杯状，边缘具浅齿，齿先端截平。花期6—7月，果期10—11月。

分布与生境　见于宁海；生于海拔约150m的沟谷常绿阔叶林中。产于温州、丽水及江山、仙居；分布于华东、华南及贵州。

主要用途　树皮作桂皮药用，功效相同；果药用，主治虚寒胃痛；枝、叶、果及花梗可蒸取桂油；叶研粉，作熏香原料；木材结构细、纹理直，为建筑、家具及雕刻等的优良用材；叶大荫浓，树冠端整，可供园林绿化。

* 宁波有8属32种5变种1变型，其中栽培8种。本图鉴收录8属29种4变种1变型，其中栽培5种。

105 香樟 樟树

学名 **Cinnamomum camphora** (Linn.) Presl **属名** 樟属

形态特征 常绿大乔木，高达30m。全株有香气；老时树皮呈不规则纵裂，幼时光滑不裂。叶互生；叶片薄革质，卵形或卵状椭圆形，6～12cm×2.5～5.5cm，先端急尖，基部宽楔形至近圆形，边缘全缘，有时呈微波状，两面无毛或下面幼时略被微柔毛，离基三出脉，脉腋有明显腺窝，窝内常被柔毛；叶柄长2～3cm，无毛。圆锥花序腋生；花淡黄绿色。果实近球形，熟时紫黑色；果托杯状，顶端截平。花期4—5月，果期10—11月。

分布与生境 见于除市区外全市各地；生于海拔600m以下的山坡、沟谷阔叶林中；各地普遍栽培。产于全省平原、山区；分布于我国长江流域及以南各地；越南、日本及朝鲜半岛也有。

主要用途 国家Ⅱ级重点保护野生植物。浙江省省树和宁波市市树。木材纹理、色泽美观而致密，具芳香，防虫蛀，耐水湿，为优良珍贵用材；全株可提取樟脑和樟油；根药用，具理气活血、祛风湿等功效；树冠广卵形、枝叶茂密，是极好的行道树、庇荫树和庭院绿化树。

106 浙江樟 浙江桂

学名 **Cinnamomum chekiangense** Nakai　　属名 樟属

形态特征　常绿乔木，高达18m。树皮灰褐色，平滑至近圆片状剥落，有芳香及辛辣味；小枝绿色至暗绿色，幼时被脱落性细短柔毛。叶互生或近对生；叶片薄革质，长椭圆形、长椭圆状披针形至狭卵形，6～14cm×1.7～5cm，先端长渐尖或尾尖，基部楔形，上面深绿色，有光泽，无毛，下面微被白粉及脱落性细短柔毛，离基三出脉；叶柄被细柔毛。圆锥状聚伞花序生于去年生小枝叶腋，被柔毛；花黄绿色，花被片两面均被白色柔毛。核果卵球形至长卵球形，熟时蓝黑色，微被白粉；果托碗状，边缘常具6圆齿。花期4—5月，果期10月。

分布与生境　见于余姚、镇海、北仑、鄞州、奉化、宁海、象山；生于海拔100～600m的沟谷、山坡阔叶林中；各地均有栽培。产于全省山区；分布于华东。

主要用途　材质优良，具香气；树皮、枝、叶可提取芳香油；干燥树皮、枝皮可代桂皮药用，具行气健胃、祛寒镇痛等功效，也为烹饪佐料；树叶茂密，冠形优美，嫩叶有时呈鲜红色或鲜黄色，可供绿化观赏。

附种　**细叶香桂 *C. subavenium***，小枝、叶柄、花均密被黄色平伏绢状短柔毛。叶片上面被脱落性黄色平伏绢状短柔毛，下面密被黄色平伏绢状短柔毛。果托杯状，边缘全缘。见于余姚、北仑、鄞州、奉化、宁海、象山；生于山坡或山谷常绿阔叶林中。

细叶香桂

107 圆头叶桂

学名 **Cinnamomum daphnoides** Sieb. et Zucc.　　属名 **樟属**

形态特征　常绿小乔木，高 4～10m。树干常自基部多分枝。幼枝四棱形，淡黄色，连同叶背、叶柄、花序密被淡黄色绢毛。叶近对生、对生或互生，密集，斜上举；叶片硬革质，倒卵形至长圆形，2～4cm×1～2cm，先端圆钝，基部楔形，边缘常反卷，幼时上面被脱落性紧贴柔毛，光亮，基出三出脉至近顶端联结。聚伞状圆锥花序；花小，两性，黄绿色。核果倒卵状椭球形，11～13mm×8～9mm，熟时紫黑色。种子具 7 或 8 条纵向条纹。花期 5—6 月，果期 10—12 月。

分布与生境　仅见于象山（南韭山岛）；生于海拔 15～40m 的岩质海岸岩隙或矮林中。日本九州近海岸地区至冲绳诸岛也有。

主要用途　为本次调查发现的中国分布新记录种。枝叶稠密，叶色亮绿，抗风及萌芽能力强，可作绿化观赏及防护树种。

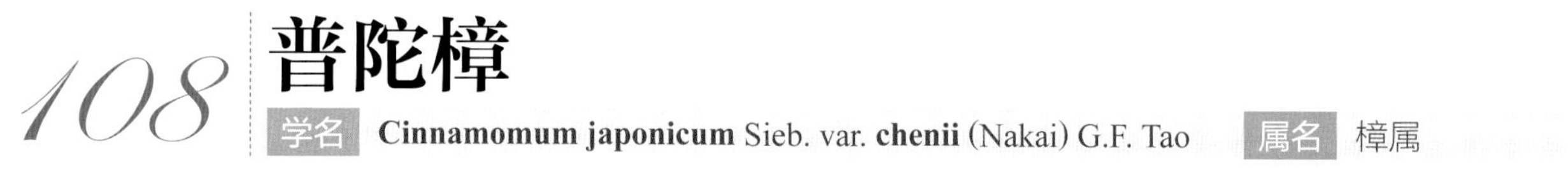

108 普陀樟

 学名 **Cinnamomum japonicum** Sieb. var. **chenii** (Nakai) G.F. Tao  属名 樟属

形态特征 常绿乔木，高达 20m。树皮黄灰色，平滑不裂。小枝绿色，嫩时具钝棱。叶对生或近对生，革质；叶片卵形至长卵形，5～12cm×2～4.3cm，先端急尖、渐尖或钝尖，基部宽楔形或近圆形，全缘，边缘波皱，上面深绿色，有光泽，两面无毛，离基三出脉。聚伞圆锥花序生于新枝下部苞腋或叶腋，具 5～14 花，花序无毛；花小，淡黄色。果序梗粗扁；果实椭球形，熟时蓝黑色，有光泽。花期 5—6 月，果期 11—12 月。

分布与生境 见于象山；生于海拔 200m 以下的山坡、沟谷阔叶林中；各地常有栽培。产于嵊泗、普陀；分布于上海（大金山岛）。

主要用途 国家Ⅱ级重点保护野生植物。木材坚实、耐水湿、有香气，为优良用材树种；枝叶浓绿，抗风力强，适应性广，适于绿化观赏及沿海山地造林。

109 银木 四川大叶樟

学名 **Cinnamomum septentrionale** Hand.-Mazz. 属名 樟属

形态特征 常绿乔木，高达25m。树皮灰色，光滑；小枝、芽鳞、总花梗、花梗均被白色绢毛。叶互生；叶片近革质，椭圆形或椭圆状倒披针形，8～18cm×5～7cm，先端短渐尖，基部楔形，上面绿色，幼时被脱落性白色短柔毛，下面苍白色，薄被白粉及贴生短柔毛，羽状脉。圆锥花序腋生，花多而密集，分枝细；花被裂片6，宽卵圆形，外面疏被、内面密被白色绢毛，具腺点。果实近球形，无毛，果托盘状，先端增大。花期5—6月，果期7—9月。

地理分布 原产于四川、陕西、甘肃等地。慈溪、镇海、鄞州、奉化、宁海、象山有栽培。

主要用途 根可提取樟脑；根材美丽，称银木，用作美术品；木材黄褐色，供做家具。

110 月桂

学名 **Laurus nobilis** Linn.　　**属名** 月桂属

形态特征 常绿小乔木或灌木，高达12m。树皮灰褐色；小枝圆柱形，具纵条纹，幼时略被微柔毛或近无毛。叶互生；叶片革质，揉碎有甜香味，长圆形或长圆状披针形，5.5～12cm×1.8～3.2cm，先端锐尖或渐尖，基部楔形，边缘微波状，羽状脉，侧脉末端近叶缘处弧形联结，细脉网结；叶柄常带紫红色。雌雄异株；伞形花序腋生；总苞片4，内面被绢毛；花黄绿色，花被片4。果实卵球形，熟时暗紫色。花期3—5月，果期6—10月。

地理分布 原产于地中海一带。慈溪、鄞州、奉化有栽培。

主要用途 叶和果含芳香油，用于食品及皂用香精；叶片可作调味香料或作罐头调味剂；种子油供工业用；枝叶浓密，叶色亮绿，可供绿化观赏。

111 乌药

学名 **Lindera aggregata** (Sims) Kosterm　属名 山胡椒属

形态特征 常绿灌木或小乔木，高达5m。根常膨大如纺锤状，外皮淡紫红色，内皮白色。小枝绿色至灰褐色；幼枝、幼叶背面及叶柄密被脱落性金黄色绢毛。叶互生；叶片革质，卵形至近圆形，3～5(7)cm×1.5～4cm，先端长渐尖至尾尖，基部圆形，上面绿色，有光泽，下面灰白色，三出脉，上面凹下，下面隆起。伞形花序生于二年生枝叶腋；总梗极短或无，被柔毛；花黄绿色；雄花花被片外面被白色柔毛，内面无毛。果实卵球形至椭球形，熟时黑色。花期3—4月，果期10—11月。

分布与生境 见于余姚、北仑、奉化、宁海；生于山坡、谷地林下灌丛中。产于全省山区、半山区；分布于华东、华南及湖南、贵州等地；菲律宾、越南也有。

主要用途 根药用，具行气止痛、温肾散寒等功效；果实、根、叶均可提芳香油；根、种子磨粉可杀虫；也可供观赏。

112 红果山胡椒 红果钓樟

学名 **Lindera erythrocarpa** Makino　属名 山胡椒属

形态特征　落叶灌木或小乔木，高可达6.5m。树皮灰褐色至黄白色；小枝灰白色至灰黄色，皮孔多数，显著隆起。叶互生；叶片纸质，倒披针形至倒卵状披针形，7～14cm×2～5cm，先端渐尖，基部狭楔形下延，上面绿色，下面灰白色，被平伏柔毛，羽状脉，叶脉常变红褐色；叶柄常呈暗红色。伞形花序位于叶芽两侧；总梗长约5mm，总苞片4，具15～17花；雄花较大；雌花较小，花被片6，淡绿色。果球形，直径7～8mm，熟时红色；果梗向先端渐增粗至果托，果托不明显扩大。花期3—4月，果期7—10月。

分布与生境　见于慈溪、余姚、北仑、鄞州、奉化、宁海、象山；生于山坡、沟谷林缘、疏林和灌丛中。产于全省丘陵、山区；广布于长江流域及以南各地；日本及朝鲜半岛也有。

主要用途　种子可榨油；叶脉、叶柄及成熟果呈红色，秋叶黄色或红色，可供绿化观赏。

113 山胡椒

学名 **Lindera glauca** (Sieb. et Zucc.) Bl. 属名 山胡椒属

形态特征 落叶灌木或小乔木，高可达8m。树皮平滑，灰色或灰白色；小枝灰白色，被脱落性褐色柔毛；混合芽，冬芽芽鳞无脊。叶互生；叶片纸质，揉碎有鱼腥草气味，宽椭圆形、椭圆形至倒卵形，4～9cm×2～4cm，先端急尖，基部楔形，上面深绿色，下面淡绿色，被白色柔毛，羽状脉；枯后常宿存至翌年新叶萌发时脱落。伞形花序腋生于新枝下部，花与叶同放，每花序具3～8花；总梗短或不明显；花黄色。果实球形，熟时紫黑色。花期3—4月，果期8—10月。

分布与生境 见于全市各地；生于山坡、林缘、路旁。产于全省丘陵、山区；分布于华东、华中、华南、西南、西北；东南亚、朝鲜半岛及日本也有。

主要用途 新叶、秋叶常呈红色、黄色等多种色彩，可供绿化观赏；木材可做家具；叶、果皮可提芳香油；种仁油含月桂酸，油可做肥皂和润滑油；根、枝、叶、果药用，具祛风活络、解毒消肿、止血止痛等功效。

附种 **狭叶山胡椒** ***L. angustifolia***，小枝黄绿色，不为混合芽，冬芽芽鳞具脊；叶片椭圆状披针形或倒卵状椭圆形，6～14cm×1.5～3.7cm；花序无总梗，生于二年生枝上。见于慈溪、鄞州、奉化、宁海；生于山坡灌丛或疏林中。

狭叶山胡椒

黑壳楠

学名 **Lindera megaphylla** Hemsl. 属名 山胡椒属

形态特征 常绿乔木，高达25m。树皮灰黑色，内皮白色，干后渐变红褐色；小枝较粗壮，紫黑色，无毛，具隆起的圆形皮孔。叶近枝端集生；叶片革质，倒卵状披针形至倒卵状长圆形，10～23cm×4～7.5cm，先端急尖至渐尖，基部楔形，上面深绿色，有光泽，下面灰白色，两面无毛，羽状脉，侧脉15～21对；叶柄无毛。伞形花序成对着生于叶腋；雄花序总梗长1～1.5cm，雌花序总梗长0.6cm，两者均密被黄褐色柔毛。果成熟时紫黑色，无毛；宿存果托杯状，全缘，略成微波状。花期3—4月，果期9—10月。

分布与生境 见于奉化；生于沟谷阔叶林中。产于杭州、衢州、金华、丽水等地；分布于华东、西南、华中及甘肃、陕西、广东、广西等地。

主要用途 种仁油可制皂；果皮、叶含芳香油，可作调香原料；木材为家具及建筑用材。

大果山胡椒 油乌药

学名 **Lindera praecox** (Sieb. et Zucc.) Bl.　属名 山胡椒属

形态特征　落叶灌木，高 2～4m。树皮黑灰色；小枝纤细，灰绿色至灰黑色，具褐色皮孔，老枝褐色，无毛。叶互生；叶片纸质，卵形至椭圆形，5～8cm×2～4cm，先端渐尖，基部宽楔形，上面深绿色，下面淡绿色，无毛，羽状脉；叶柄长 5～10mm，枯叶经冬不落。伞形花序生于叶芽两侧，具总梗，无毛，顶端具 5 花，花黄绿色。果实球形，直径 1.2～1.5cm，熟时黄褐色，基部具长约 1.5mm 的果颈；果梗具皮孔，向上渐增粗。花期 3 月，果期 9—10 月。

分布与生境　见于余姚、北仑；生于海拔 600m 以上山坡、沟谷阔叶林下或灌丛中。产于安吉、临安、上虞、诸暨、衢江、兰溪、东阳等地；分布于安徽、江西、湖北等省；日本也有。

116 山橿

学名 **Lindera reflexa** Hemsl.　　属名 山胡椒属

形态特征　落叶灌木或小乔木，高1～6m。小枝黄绿色，有黑褐色斑块，光滑，无皮孔，连同叶片、叶柄被脱落性绢状短柔毛。叶互生；叶片纸质，卵形或倒卵状椭圆形，4～15cm×4～10cm，先端渐尖，基部圆形至宽楔形，上面绿色，下面带苍白色，羽状脉。伞形花序生于叶芽两侧，总梗长1～1.6cm，密被红褐色微柔毛；花梗密被白色柔毛。果实球形，直径约7mm，熟时鲜红色；果梗长1～1.6cm。花期3—4月，果期6—9月。

分布与生境　见于慈溪、余姚、北仑、鄞州、奉化、宁海、象山；生于山谷、山坡林下、林缘或灌丛中。产于全省山区、半山区；分布于华东、华中及广东、广西、贵州、云南等地。

主要用途　根、果药用，具祛风理气、止血消肿等功效；芳香、油料树种；观果及秋色叶树种。

附种　**绿叶甘橿 *L. neesiana***，三出脉或离基三出脉；花序总梗长4～7mm，无毛。见于余姚、北仑、鄞州、奉化、宁海、象山；生于山坡、沟谷林下及灌丛中。

绿叶甘橿

117 红脉钓樟 庐山乌药

学名 **Lindera rubronervia** Gamble　　属名 山胡椒属

形态特征 落叶灌木至小乔木，高可达5m。树皮灰褐色；小枝细瘦，灰黑色或黑褐色，平滑。叶互生；叶片纸质，卵形、卵状椭圆形至卵状披针形，4～8cm×2～5cm，先端渐尖，基部楔形，上面深绿色，沿中脉疏被短柔毛，下面淡绿色，被柔毛，离基三出脉，叶脉和叶柄秋后变为红色。伞形花序腋生，通常叶芽两侧各1，具短总梗，每花序具5～8花；花先叶开放至与叶同放，黄绿色。果实近球形，熟时紫黑色；果梗长1～1.5cm，先端稍增粗，熟后弯曲。花期3—4月，果期8—9月。

分布与生境 见于慈溪、余姚、北仑、鄞州、奉化、宁海、象山；生于山坡、沟谷林下及灌丛中。产于全省山区、半山区；分布于华东、华中。

主要用途 叶及果皮可提取芳香油；秋色叶树种，可供绿化观赏。

118 天目木姜子

学名 **Litsea auriculata** Chien et Cheng　　属名 木姜子属

形态特征 落叶乔木，高达25m。树皮灰色或灰白色，不规则圆片状剥落，内皮黄褐色；小枝粗壮，紫褐色，平滑无毛，具明显皮孔。叶互生；叶片纸质，宽倒卵形、倒卵状椭圆形或宽椭圆形，8～23cm×5.5～13.5cm，先端钝尖至圆钝，基部耳形，上面深绿色，有光泽，下面苍白色，两面脉上幼时被脱落性短柔毛，羽状脉；叶柄长3～8cm。伞形花序无总梗或具短梗，花梗被丝状柔毛；花黄色，先叶开花。果实卵球形，熟时紫黑色；果托杯状；果梗粗壮。花期3—4月，果期9—10月。

地理分布 原产于安吉、德清、临安、淳安、天台、庆元；分布于安徽。北仑、鄞州、奉化有栽培。

主要用途 浙江省重点保护野生植物。木材重而致密，可供家具等用；果实和根皮，民间用来治寸白虫；叶外敷治伤筋；秋色叶树种，叶形奇特，树干斑驳，叶大荫浓，可供绿化观赏。

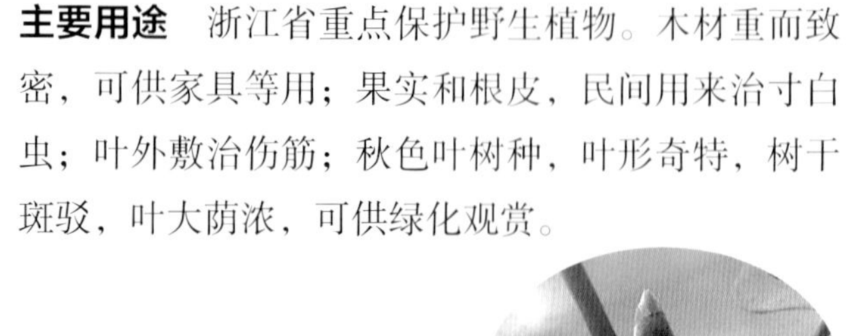

119 豹皮樟

学名 **Litsea coreana** Lévl. var. **sinensis** (Allen) Yang et P.H. Huang　**属名** 木姜子属

形态特征　常绿乔木，高达16m。树皮灰褐色至灰白色，呈不规则片状剥落，露出稍浅色的斑痕；小枝圆柱形，深褐色至带黑色，无毛或近无毛，疏生皮孔。叶互生；叶片革质，长圆形、披针形至倒披针形，5～10cm×1.5～3cm，先端常急尖，基部楔形，上面深绿色，仅幼时中脉基部有毛，下面带灰白色，无毛，羽状脉；叶柄上面具柔毛，下面无毛。伞形花序腋生，无总梗或有极短的总梗；苞片4，外面被黄褐色丝状短柔毛。果实近球形，熟时紫黑色，顶端有短尖头；基部果托扁平，宿存花被裂片。花期8—9月，果期翌年5月。

分布与生境　见于慈溪、余姚、镇海、北仑、鄞州、奉化、宁海、象山；生于山坡沟谷林中。产于全省山区、半山区；分布于华东、华中。

主要用途　树皮斑驳，枝叶浓绿，可供绿化观赏；民间用根治疗胃脘胀痛。

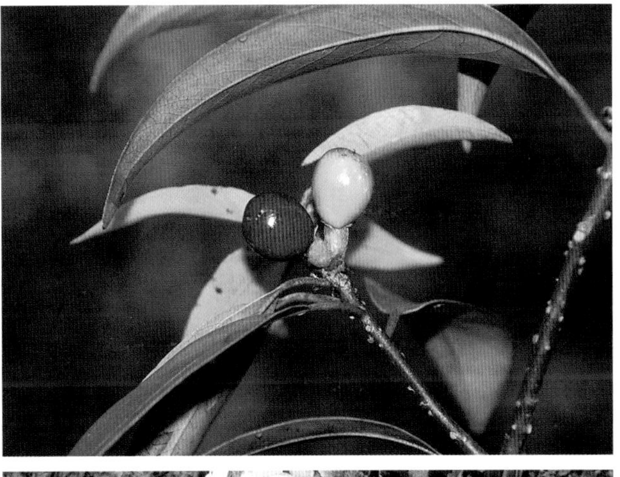

120 山鸡椒 山苍子

学名 **Litsea cubeba** (Lour.) Pers.　　属名 木姜子属

形态特征 落叶小乔木，高 8～10m。树皮初黄绿色，后渐变灰褐色；小枝绿色，无毛或幼时被脱落性毛；全株具浓烈香气。叶互生；叶片薄纸质，披针形或长圆状披针形，4～11cm×1.5～3cm，先端渐尖，基部楔形，上面深绿色，下面粉绿色，两面无毛，羽状脉；叶柄纤细，无毛，微带红色。伞形花序单生或簇生，每花序具 4～6 花；花先叶开放，黄白色，花被片 6。果实近球形，无毛，熟时紫黑色。花期 2—3 月，果期 9—10 月。

分布与生境 见于除市区外全市各地；生于向阳山坡林缘、疏林或荒山灌丛中。产于全省山区、丘陵；分布于长江流域及以南各地；东南亚也有。

主要用途 花、叶和果皮是柠檬醛的原料；根、茎、叶和果药用，具有祛风寒、消肿止痛等功效；秋叶黄色，早春黄花满枝，可供绿化观赏。

附种 1 毛山鸡椒 var. ***formosana***，小枝、芽、叶片下面和花序密被灰白色丝状短柔毛。见于余姚、北仑、鄞州、奉化、宁海、象山；生境同“山鸡椒”。

附种 2 红果山鸡椒 form. ***rubra***，果实熟时红色。仅见于余姚四明山；生于海拔约 300m 的沟谷或山坡林中。为本次调查发现的植物新变型。

毛山鸡椒

红果山鸡椒

121 黄丹木姜子

学名 **Litsea elongata** (Nees) Hook. f.　　属名 木姜子属

形态特征 常绿乔木，高达10m。树皮灰黄色或褐色，斑块状剥落；小枝、叶柄及花总梗密被黄褐色或灰褐色绒毛。叶互生；叶片革质，长圆状披针形至长圆形，6～22cm×2～6cm，先端钝至短渐尖，基部楔形或近圆形，上面深绿色，无毛，下面被短柔毛，沿中脉及侧脉有长柔毛，羽状脉；叶柄长1～2.5cm。伞形花序单生，稀簇生；总梗较粗短，长2～5mm；花黄白色。果实椭球形，熟时黑紫色；果托杯状，果梗长2～3mm。花期8—11月，果期翌年6—7月。

分布与生境 见于余姚、北仑、鄞州、奉化、宁海、象山；生于山坡、沟谷林中。产于全省山区；分布于长江流域及以南各地；尼泊尔、印度也有。

主要用途 木材可供建筑及家具等用；种子可榨油，供工业用；新叶色彩丰富、树形优美，可供绿化观赏。

附种 **桂北木姜子** ***L. subcoriacea***，小枝红褐色；小枝、叶柄均无毛；叶片薄革质，披针形或椭圆状披针形，先端渐尖或呈微镰刀状弯曲，下面无毛或幼时沿脉有疏柔毛；伞形花序多个聚生于小枝先端叶腋长约2mm的无毛短枝上。见于鄞州、宁海；生于山谷阔叶林中。

桂北木姜子

薄叶润楠 华东楠

学名 **Machilus leptophylla** Hand.-Mazz. 属名 润楠属

形态特征 常绿乔木，高8～15m。树皮灰褐色，平滑不裂；小枝粗壮，无毛；顶芽近球形，直径达2cm，被绢毛。叶互生或在当年生枝上轮生；叶片坚纸质，倒卵状长圆形，14～24cm×3.5～7cm，先端短渐尖，基部楔形，上面深绿色，无毛，有光泽，下面幼时被贴伏银色绢毛，老时带灰白色，疏生绢毛，脉上尤密，后渐脱落，侧脉略带红色。圆锥花序，6～10聚生于新枝基部；花白色。果实球形，熟时紫黑色；果梗肉质，鲜红色。花期4月，果期7月。

分布与生境 见于慈溪、余姚、北仑、鄞州、奉化、宁海、象山；生于阴坡谷地、溪边混交林中。产于全省山区、半山区；分布于华东、华中及广东、广西、贵州。

主要用途 枝叶浓绿，树形优美，可供绿化观赏；木材结构粗、纹理直、材质坚实，可供建筑、家具用材；树皮可提树脂；种子可榨油。

123 刨花润楠 刨花楠

学名 **Machilus pauhoi** Kanehira　　属名 润楠属

形态特征　常绿乔木，高达 20m。树皮灰褐色，浅纵裂；小枝绿色，无毛或新枝基部有浅棕色小柔毛；顶芽球形至近纺锤形，鳞片外面密被棕色或黄棕色柔毛。叶常集生枝端；叶片革质，狭椭圆形或椭圆形，稀倒披针形，8～15cm×2～4cm，先端渐尖至尾状渐尖，基部楔形，上面深绿色，无毛，有光泽，下面浅绿色，密被灰黄色平伏绢毛。聚伞状圆锥花序生于新枝下部，花序轴被微柔毛；花梗纤细。果实球形，熟时黑色，果梗红色。花期 3 月，果期 6 月。

分布与生境　见于北仑、鄞州、奉化、宁海、象山；生于山坡、沟谷疏林中；市区有栽培。产于除嘉兴、湖州、绍兴、舟山外的全省山区；分布于华东及湖南、广东、广西。

主要用途　春季新叶或红或黄，色彩丰富，可供绿化观赏；木材纹理美观，心材稍带红色而较坚实，可供建筑、家具用材，刨成薄片，叫“刨花”，浸水中可产生黏液，作黏结剂或造纸原料；种子含油脂，可作化工原料。

124 红楠

学名 **Machilus thunbergii** Sieb. et Zucc. 属名 润楠属

形态特征 常绿乔木，高达20m。树皮黄褐色，浅纵裂至不规则鳞片状剥落；小枝绿色，无毛，二年生小枝疏生显著隆起皮孔，顶芽卵形至长卵形；芽鳞多数，边缘或外部被黄褐色绢毛。叶片革质，倒卵形至倒卵状披针形，8～15cm×3～4.7cm，先端短突尖或短渐尖，尖头钝，基部楔形，上面深绿色，有光泽，下面色较淡，微被白粉；叶柄长2～3cm，微带红色。聚伞状圆锥花序于新枝下部腋生，总梗带紫红色，无毛；苞片被锈色绒毛。果实扁球形，熟时紫黑色，基部具反折的花被片；果梗鲜红色。花期4月，果期6—7月。

分布与生境 见于慈溪、余姚、镇海、北仑、鄞州、奉化、宁海、象山；生于山区丘陵阔叶混交林中。产于全省丘陵、山区；分布于华东及广东、广西、湖南；日本及朝鲜半岛也有。

主要用途 木材供建筑、家具等用；枝叶浓绿，嫩叶、果梗鲜红色，适应性强，是优良绿化和山地造林树种；树皮可作熏香原料，叶与果可提取芳香油，种子可制作肥皂和润滑油；树皮药用，具舒经活络等功效。

125 浙江新木姜子

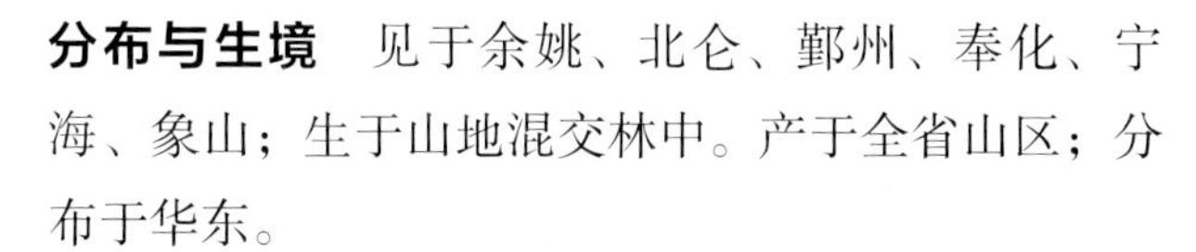

学名 **Neolitsea aurata** (Hayata) Koidz. var. **chekiangensis** (Nakai) Yang et P.H. Huang 属名 新木姜子属

形态特征 常绿乔木，高8～10m。树皮灰褐色，平滑不裂；幼枝灰绿色，被易脱落的锈褐色绢状毛。叶互生或近枝顶集生；叶片革质至薄革质，长圆形、长圆状披针形或长圆状倒卵形，6～14cm×1～3cm，先端渐尖至尾尖，基部楔形，上面深绿色，无毛，有光泽，下面密被脱落性锈黄色绢毛，有白粉，离基三出脉；叶柄被锈黄色短柔毛。伞形花序3～5簇生于二年生枝叶腋；花黄绿色。果实椭球形至卵球形，直径5～6mm，熟时紫黑色，有光泽。花期3—4月，果期10—12月。

分布与生境 见于余姚、北仑、鄞州、奉化、宁海、象山；生于山地混交林中。产于全省山区；分布于华东。

主要用途 新枝和幼叶密被黄锈色绢毛，可供绿化观赏；枝叶可蒸馏芳香油，作化妆品原料。

126 舟山新木姜子 佛光树

学名 **Neolitsea sericea** (Bl.) Koidz.　　属名 新木姜子属

形态特征 常绿乔木，高达10m。树皮灰白色，平滑不裂；嫩枝及芽鳞外面密被金黄色绢毛。叶互生；叶片革质，椭圆形至披针状椭圆形，6～20cm×3～4.5cm，先端钝，基部窄楔形，幼叶两面密被金黄色绢毛，老叶上面毛脱落，呈绿色而有光泽，下面粉绿色，有贴伏黄褐或橙褐色绢毛，边缘略反卷，离基三出脉；叶柄长2～3cm，粗壮，密被脱落性金黄色丝状柔毛。伞形花序3～5簇生叶腋或枝侧，无总梗；花小，黄色。果实球形，密集，直径约1.3cm，熟时鲜红色，有光泽。花期10—11月，果期翌年10月至第三年2月。

分布与生境 见于北仑、鄞州、宁海、象山；生于海拔400m以下的山坡阔叶林中或林缘；各地有栽培。产于舟山；分布于上海、台湾。朝鲜半岛及日本也有。

主要用途 国家Ⅱ级重点保护野生植物。树形优美，枝叶浓密，红果艳丽，幼嫩枝叶密被金黄色绢质柔毛，为优良景观树种；木材结构细，纹理直，具香气，为建筑、家具的优质用材。

127 浙江楠

学名 **Phoebe chekiangensis** C.B. Shang　　属名 楠木属

形态特征 常绿乔木，高达20m。树皮淡褐黄色，不规则薄片状剥落；小枝密被黄褐色或灰黑色柔毛或绒毛。叶互生；叶片革质，倒卵状椭圆形至倒卵状披针形，7～17cm×3～7cm，先端突渐尖至长渐尖，基部楔形或近圆形，最宽处在上部，上面幼时被脱落性毛，下面被灰褐色柔毛，脉上被长柔毛，边缘略反卷，侧脉8～10对，与中脉在上面凹下，下面网脉明显。圆锥花序腋生，长5～10cm，总梗与花梗密被黄褐色绒毛。果实卵状椭球形，长1.2～1.5cm，熟时蓝黑色，外被白粉；宿存花被裂片紧贴果实基部。种子两侧不对称，多胚性。花期4—5月，果期9—10月。

分布与生境 见于鄞州、奉化、宁海、象山；生于海拔50～550m的溪边、阴坡常绿阔叶林中；各地常有栽培。产于杭州、台州、丽水、温州及安吉、诸暨、开化、武义；分布于江西、福建。

主要用途 国家Ⅱ级重点保护野生植物。树干通直，材质坚硬，结构细致，具光泽和香气，为珍贵优质用材；树冠端整，枝叶繁茂，为优良的园林绿化树种。

附种1 闽楠 ***Ph. bournei***，小枝无毛或被柔毛；叶片披针形至倒披针形，7～13cm×2～4cm，最宽处在中部，先端渐尖至长渐尖，近镰状弯曲，叶缘反卷；聚伞状圆锥花序紧缩，长3.5～7(10)cm，最下部分枝长2～2.5cm；种子两侧对称，单胚性。原产于温州、丽水及衢江、开化；分布于华中及江西、福建、广东、广西、贵州。慈溪、鄞州有栽培。

附种2 桢楠（楠木）***Ph. zhennan***，叶片椭圆形，稀披针形或倒披针形，最宽处在中部，先端渐尖，叶缘反卷，下面网脉不明显；聚伞状圆锥花序十分开展，长7.5～12cm，最下部分枝长2.5～4cm；种子两侧对称，单胚性。原产于湖北、贵州、四川。鄞州、象山等地有栽培。

闽楠

桢楠

128 紫楠

学名 **Phoebe sheareri** (Hemsl.) Gamble　属名 楠木属

形态特征　常绿乔木，高达20m。树皮灰色至灰褐色；小枝、叶柄及花序密被黄褐色或灰黑色柔毛或绒毛。叶互生；叶片革质，倒卵形、椭圆状倒卵形或倒卵状披针形，8～18(27)cm×4～9cm，最宽处在上部，先端突渐尖或突尾状渐尖，基部渐狭，上面绿色，幼时沿脉被脱落性毛，下面密被黄褐色长柔毛，叶脉显著隆起，叶缘略反卷。圆锥花序腋生，长7～18cm，在上部分枝；花黄绿色。果实卵球形，熟时黑色；宿存花被片松散地贴于果实基部。种子两侧对称，单胚性。花期4—5月，果期9—10月。

分布与生境　见于慈溪、余姚、镇海、北仑、鄞州、奉化、宁海、象山；多生于湿润的山坡、沟谷阔叶林中。产于全省山区、半山区；分布于长江流域及以南各地。模式标本采自宁波。

主要用途　木材纹理直，结构细，质坚硬，耐腐性强，作建筑、造船、家具等用材；叶大荫浓、树姿优美，可供绿化观赏；种子可榨油。

檫木

学名 **Sassafras tzumu** (Hemsl.) Hemsl. 属名 檫木属

形态特征 落叶乔木，高达35m。树皮幼时黄绿色，平滑，老时变灰褐色，不规则纵裂；顶芽较大，椭球形，芽鳞外面密被黄色绢毛；小枝黄绿色，粗壮，无毛，散生紫红色斑点。叶互生，聚集于枝端；叶片纸质，卵形或倒卵形，9～20cm×6～12cm，先端渐尖，基部楔形，全缘或2、3浅裂，上面深绿色，下面灰绿色，有白粉，两面无毛或下面沿脉疏被毛，离基三出脉；叶柄长2～7cm，常带红色。总状花序顶生，先叶开放；花黄色，雌雄异株。果实近球形，熟时蓝黑色，带有白蜡粉；果托浅杯状；果梗肉质，上端增粗呈棒状，与果托均为鲜红色。花期2—3月，果期7—8月。

分布与生境 见于除市区外全市各地；散生于山坡、沟谷林中。产于全省山区、半山区；分布于华东、华中、西南及广东、广西。模式标本采自宁波。

主要用途 秋色叶及早春观花树种，树干高大通直，叶形奇特，可作绿化观赏；木材浅黄色，为优质、珍贵用材；根和树皮药用，具活血散淤、祛风去湿等功效；种子可作化工原料。

十七 罂粟科 Papaveraceae*

130 伏生紫堇 夏天无 野元胡

学名 **Corydalis decumbens** (Thunb.) Pers. 属名 紫堇属

形态特征 多年生草本，高10～30cm。块茎灰褐色，不规则球形或椭球形，常具角状突起，长5～15mm，当年生块茎叠生于上年生的老块茎上。茎细弱，常2～4簇生，有时匍匐，不分枝；茎基部无鳞片。基生叶1或2，叶柄长6～16cm；叶片近正三角形，长4～6cm，二回三出全裂，末回裂片狭倒卵形，有短柄；茎生叶2(3)，与基生叶相似，但较小，下面苍白色，具稍长柄。总状花序顶生，长3.5～6cm，有5～10花；花瓣红色或红紫色，背部具鸡冠状突起，距圆筒形，短于瓣片，下花瓣瓣片具细瓣柄；柱头横直，具4近等长短柱状乳突。蒴果条形。种子亮黑色或深褐色，扁球形，表面具网纹和疏散乳头状附属物。花期3—4月，果期5月。

分布与生境 见于余姚、鄞州、奉化、宁海、象山；生于海拔300～1200m的山坡林缘、山谷阴湿处草丛中。产于浙江西北部、中部和舟山及龙泉等地；分布于华东及湖南等地；日本也有。

主要用途 块茎药用，具祛风湿、降血压、舒经活络、止血等功效。

附种 无柄紫堇 *C. gracilipes*，块茎不具角状突起；茎生叶无柄或近无柄；花较大，柱头具4不等长短柱状乳突，两端明显较短。见于慈溪、余姚、北仑、鄞州、奉化、宁海、象山；生于海拔300m以下的平原、田边和山坡林下。

* 宁波有4属12种1变种2变型，其中栽培3种。本图鉴收录3属11种1变种2变型，其中栽培2种。

无柄紫堇

131 紫堇

学名 **Corydalis edulis** Maxim. 属名 紫堇属

形态特征 一年或二年生草本，高 10～35cm。具细长直根。茎稍肉质，呈紫红色，自基部分枝。叶基生与茎生，具柄；叶片三角形，长 5.5～11cm，二或三回羽状全裂，一回裂片 3 或 4 对，二或三回裂片倒卵形，不规则羽状分裂，末回裂片狭倒卵形，先端钝。总状花序具 6～10 花；花瓣淡粉色至近白色，花瓣背面均具龙骨状隆起，距圆柱形，约为瓣片全长的 1/3，下花瓣瓣柄与瓣片近等长；柱头宽扁，与花柱呈“丁”字形。蒴果条形。种子黑色，扁球形，表面密布环状小凹点。花期 3—4 月，果期 4—5 月。

分布与生境 见于慈溪、余姚、北仑、鄞州、奉化、宁海、象山；生于荒山坡、宅旁、墙头、屋檐上。产于杭州及平湖、泰顺等地；分布于华东、华中、华北、西南及辽宁、陕西、甘肃等地；日本也有。

主要用途 全草药用，具清热解毒等功效，但有毒，不宜内服。

132 刻叶紫堇

学名 **Corydalis incisa** (Thunb.) Pers.　　属名 紫堇属

形态特征　一年或二年生草本，高15～35cm。根状茎狭柱状或倒圆锥形，密生须根。茎多数簇生，具分枝。叶基生与茎生，具长柄，基生叶叶柄基部稍膨大成鞘状，叶片羽状全裂，一回裂片2或3对，具细柄，二或三回裂片倒卵状楔形，不规则羽状分裂，小裂片先端具2～5细缺刻。总状花序具9～26花；花蓝紫色，花瓣具鸡冠状突起，上花瓣边缘具小波状齿，先端微凹，具小突尖，距圆筒形，约与瓣片等长或稍短，下花瓣瓣柄与瓣片近等宽，基部呈囊状突起；柱头2裂，四方形，先端具乳突。蒴果条形，成熟后下垂，弹裂。花期3—4月，果期4—5月。

分布与生境　见于全市各地；生于山坡林下、沟边草丛中或石缝、墙脚边。产于全省各地；分布于华东、华中及河北、山西、陕西等地；日本也有。

主要用途　全草药用，主治疮癣、毒蛇咬伤；有毒，不宜内服。

附种　**白花刻叶紫堇** form. ***pallescens***，花白色。见于余姚；生于山坡林下。

白花刻叶紫堇

133 黄堇

学名 **Corydalis pallida** (Thunb.) Pers.　　属名 紫堇属

形态特征　二年生草本，高 15～50cm。直根细长。茎簇生。叶基生与茎生，具长柄；基生叶多数，花期枯萎；茎生叶卵形，长 5～20cm，二至三回羽状全裂，一回裂片 3 或 4 对，二或三回裂片卵形、狭卵形或菱形，末回裂片边缘具锯齿，稀全缘，下面有白霜。总状花序顶生或侧生，具约 20 花；花瓣淡黄色，距短圆筒形，约占花瓣全长的 1/3，末端膨大，稍下弯；花柱细长，柱头横直，与花柱呈“丁”字形，具 3 小瘤状突起。蒴果条形，念珠状，稍下垂，具 1 列种子。种子黑色，扁球形，密布长圆锥形小突起，种阜帽形，紧裹种子的 1/2。花期 3—4 月，果期 4—6 月。

分布与生境　见于慈溪、余姚、北仑、鄞州、奉化、宁海、象山；生于林缘、石砾缝间或沟边阴湿处。产于全省各地；分布于华东；东北亚也有。

主要用途　全草药用，具有清热利湿、止痢、止血等功效；嫩茎叶可作野菜；植株较高大，叶形清秀，花繁色艳，可供观赏。

附种　**滨海黄堇**（异果黄堇）***C. heterocarpa*** var. ***japonica***，总状花序顶生；蒴果长圆柱形，略呈不规则弯曲，常具 2 列种子，有时仅具 1 列种子，种子间的果瓣常呈不规则蜂腰状变细。见于北仑、象山；生于岩质海岸岩缝中或海边路旁。

滨海黄堇

134 小花黄堇

学名 **Corydalis racemosa** (Thunb.) Pers. 属名 紫堇属

形态特征 一年生草本，高9～50cm。直根细长。茎有分枝。叶基生与茎生，基生叶具长柄，常早枯萎；茎生叶具短柄，叶片三角形，长3～12.5cm，二或三回羽状全裂，一回裂片3或4对，二回裂片卵形或宽卵形，浅裂或深裂，末回裂片狭卵形至宽卵形或条形，较细，先端钝或圆形。总状花序具(3～)12花，花小，长不超过1cm；苞片叶状，狭披针形或钻形；花淡黄色，距短囊状，约占花瓣长的1/5～1/6；柱头椭圆形，2浅裂。蒴果条形，长2～3.5cm。种子黑色，扁球形，表面密生小圆锥状突起，种阜狭三角形。花期3—4月，果期4—5月。

分布与生境 见于慈溪、余姚、北仑、鄞州、奉化、宁海、象山及市区；常生于路边石隙、墙缝中，或沟边林下阴湿处。产于全省各地；分布于长江中、下游流域和珠江流域及河南、陕西；日本也有。

主要用途 全草药用，具清热解暑、利尿止痢、止血等功效；嫩茎叶可作野菜。

附种 **台湾黄堇**（北越紫堇）***C. balansae***，叶片分裂较宽，2～2.5cm×1.2～2cm；总状花序具10～30花；距圆筒形，约占花瓣长的1/4；柱头横直，与花柱呈“丁”字形；蒴果长3～4.5cm；种子表面密布小凹点，种阜大，舟状。见于鄞州、象山；生于路边或低海拔山坡林下。

台湾黄堇

135 珠芽尖距紫堇

学名 **Corydalis shearei** S. Moore form. **bulbillifera** Hand.-Mazz.  属名 紫堇属

形态特征 多年生草本，高 15～35cm。块茎椭球形或短圆柱形，具多个钝角状突起，多须根。茎簇生，中上部具分枝。叶片三角形，长 3.5～10cm，二回羽状全裂，一回裂片 1 或 2 对，二回裂片卵形或菱状倒卵形，中部以上不规则羽状浅裂，有时先端外面有暗紫斑；基生叶与茎中下部叶具长柄，叶柄基部两侧具膜质翅；上部叶腋具珠芽。总状花序有 6～18 花；花瓣蓝紫色，距钻形，长为花瓣片的 1.5 倍，末端尖，下花瓣具略短于瓣片的柄；柱头扁椭圆形，边缘具小瘤状突起。蒴果条形。种子黑色，卵球形。花期 3—4 月，果期 4—6 月。

分布与生境 见于慈溪、余姚、镇海、北仑、鄞州；生于沟边林下阴湿处。产于杭州及瑞安；分布于华东、华中、西南及广东、广西、陕西等地。

主要用途 块茎和珠芽药用，主治跌打损伤；也可作水土保持植物。

136 延胡索 元胡

学名 **Corydalis yanhusuo** (Y.H. Chou et C.C. Hsu) W.T. Wang ex Z.Y. Su et C.Y.Wu 属名 紫堇属

形态特征 多年生草本，高7～20cm。块茎不规则扁球形，顶端略下陷，直径0.5～2.5cm，外面褐黄色，内面黄色。地上茎纤细，稍带肉质，近基部具1鳞片，有时鳞片和下部叶腋膨大成小块茎。无基生叶；茎生叶2～4，具长柄；叶片宽三角形，二回三出全裂，一回裂片具柄，二回裂片狭卵状或披针形，2～4cm×3～10mm，具短柄。总状花序顶生，具5～10花；花瓣紫红色，背面有鸡冠状突起，上花瓣边缘具齿，先端微凹，具小短尖，距圆筒形，略长于花瓣，下花瓣具细瓣柄；柱头扁圆形，具小瘤状突起。蒴果条形，有种子1～3粒。种子亮黑色，卵球形，具白色种阜和不明显网纹。花期3—4月，果期4—5月。

分布与生境 见于鄞州、奉化；生于海拔200～300m的山沟林下；慈溪有栽培。产于浙江北部、西北部及中部；分布于华东、华中等地。

主要用途 浙江省重点保护野生植物。块茎为著名传统中药“元胡”，具行气止痛、活血散淤等功效；形态优美，花朵艳丽，可供观赏。

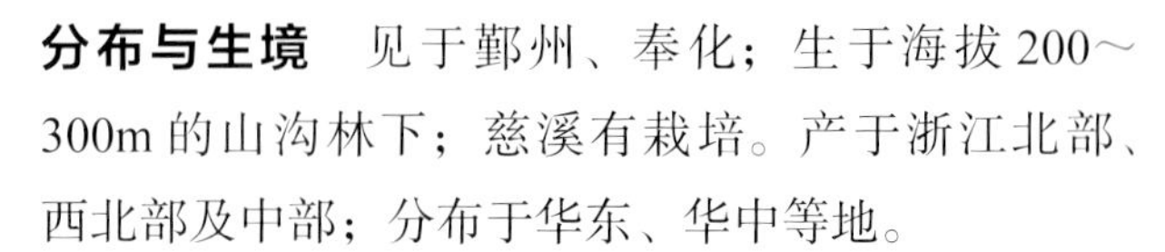

137 博落回 喇叭竹

学名 **Macleaya cordata** (Willd.) R. Br. 属名 博落回属

形态特征 多年生大型草本，高达 2.5m。全株含橙红色汁液。茎直立，光滑，被白粉。单叶互生；叶片宽卵形或近圆形，5～30cm×5～25cm，7～9 浅裂，边缘波状或具波状牙齿，下面被白粉和灰白色细毛；叶柄长 2～15cm。圆锥花序，具多数小花；花两性；萼片 2，黄白色，有时稍带红色，有膜质边缘，花时脱落；无花瓣。蒴果倒披针形或倒卵形，外被白粉。种子褐色，椭球形，表面具网纹。花期 6—8 月，果期 10 月。

分布与生境 见于除市区外全市各地；生于低山草地、丘陵及山麓、郊野。产于全省各地；分布于华东、华中、西南及甘肃、广东、陕西、山西；日本也有。

主要用途 根、茎、叶均药用，具有散淤消肿、祛风解毒、杀虫止痒等功效。全株有毒，不可内服。

138 虞美人 丽春花

学名 **Papaver rhoeas** Linn. 属名 罂粟属

形态特征 一年或二年生草本，高达75cm。茎直立，具分枝，有伸展的糙毛。单叶互生；叶片宽卵形或长圆形，长4～15cm，羽状深裂，裂片披针形或条状披针形，先端急尖，边缘有粗锯齿，稀近全缘。花有长梗，未开放时下垂；萼片2，绿色，花开后脱落；花瓣4，近圆形或宽卵形，紫红色或朱红色，有时边缘白色或深红色，基部常有深紫色斑；有极短瓣柄；雄蕊多数，花丝深红紫色，花药黄色；柱头盘状，具8～16辐射线。蒴果光滑，孔裂。种子多数，细小，灰褐色。花期4—5月，果期5—7月。

地理分布 原产于欧洲、北非、西亚。全市各地均有栽培。

主要用途 花供观赏；全草药用，具有镇咳、止泻等功效；有毒，慎用。

附种 **罂粟**（鸦片花）***P. somniferum***，植株无毛或微有疏毛；茎生叶抱茎，叶缘缺刻状浅裂或具粗锯齿。原产于南美洲。我市偶见栽培。

罂粟

十八 白花菜科 Capparidaceae*

139 黄花草 黄醉蝶花

学名 **Arivela viscosa** (Linn.) Raf. 属名 白花菜属

形态特征 一年生草本，高30～90cm。植株有臭味。茎分枝，有黄色柔毛及黏质腺毛。掌状复叶，小叶3～5；小叶片倒卵形或倒卵状长圆形，1～3.5cm×1～1.5cm，全缘，两面有乳头状腺毛，或渐无毛。总状花序顶生，有毛；苞片叶状，3～5裂；萼片披针形；花瓣4，黄色，基部紫色，倒卵形，无瓣柄；雄蕊10～20，较花瓣稍短；子房密被淡黄色腺毛。蒴果圆柱形，长4～10cm，有明显纵条纹和黏质腺毛。种子扁球形，表面有皱纹。花期4—6月，果期7月。

分布与生境 见于北仑、奉化、宁海、象山；生于山坡、路边。产于杭州、丽水、金华、衢州、温州；分布于华东、华中、华南及云南等地；热带广布。

主要用途 种子药用，治劳伤；也可榨油。

* 宁波有2属2种，其中栽培1种。本图鉴全部予以收录。

140 醉蝶花 西洋白花菜

学名 **Tarenaya hassleriana** (Chodat) Iltis　　属名 醉蝶花属

形态特征　一年生草本，高 30～90(120) cm。全株被黏质腺毛，有特殊臭味；茎分枝。掌状复叶，小叶5～7；小叶片长圆状披针形，4～10cm×1.5～2.5cm，中央小叶较大，先端渐尖或急尖，基部楔形，全缘；叶柄具托叶变成的小钩刺。总状花序顶生，长达 40cm；苞片叶状，卵形；萼片 4，条状披针形，花时向外反折；花瓣紫红色或白色，有长瓣柄。蒴果圆柱形，表面近平坦或微呈念珠状。种子圆肾形，具膜质皱纹状附属物。花果期7—9 月。

地理分布　原产于南美洲。全市各地均有栽培。

主要用途　花供观赏；也为优良的蜜源植物。

十九　十字花科 Cruciferae*

匍匐南芥 雪里开

学名 **Arabis flagellosa** Miq.　　属名 南芥属

形态特征　多年生草本，高10～15cm。茎自基部丛生鞭状匍匐茎；茎、叶被单毛、2或3叉毛及星状毛。基生叶簇生，叶片倒长卵形至匙形，3～9.5cm×1.5～2.5cm，边缘具疏齿，基部下延成有翅的狭叶柄；茎生叶疏生，叶片倒卵形至长椭圆形，向下渐小，先端圆钝，边缘具疏齿或近全缘。总状花序顶生；萼片长椭圆形，上部边缘白色；花瓣白色，匙形，基部渐窄成瓣柄。长角果条形，扁平或缢缩呈念珠状，光滑无毛，熟时开裂；果梗斜升。种子卵球形，具极狭的翅。花期3—4月，果期4—5月。

分布与生境　见于余姚、鄞州、奉化、宁海、象山；生于林下沟边、阴湿山谷石缝中。产于杭州及安吉、天台；分布于华东；日本也有。

主要用途　全草药用，具清热解毒、止血等功效；嫩茎叶可作野菜。

* 宁波有20属33种2亚种17变种，其中栽培8种1亚种12变种，归化3种1亚种。本图鉴收录15属25种2亚种17变种，其中栽培8种1亚种10变种，归化1种1亚种。

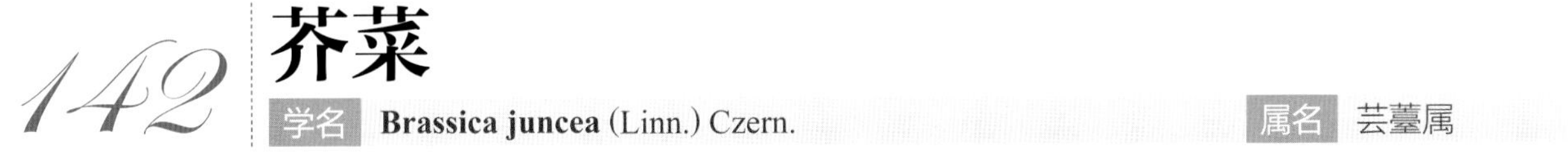

142 芥菜

学名 **Brassica juncea** (Linn.) Czern.　　属名 芸薹属

形态特征　一年或二年生草本，高 30～90cm。植株有辛辣味；下部被糙硬毛，稀无毛，常有白粉；茎直立，有分枝。基生叶片宽卵形至倒卵形，30～50cm×10～15cm，先端圆钝，基部楔形，大头羽裂，具 1～3 对小裂片，或不裂，边缘有缺刻或重锯齿，叶柄长 3～9cm，具小裂片；茎下部叶片较小，6～12cm×1.5～5cm，通常大头羽裂，具 2 或 3 对小裂片，边缘有缺刻或重锯齿，叶柄近圆形；茎上部叶片宽披针形，4～7cm×4～9mm，边缘具不明显疏齿或全缘。总状花序顶生，花后延长；萼片披针形，淡黄色；花瓣鲜黄色，基部具瓣柄。长角果条形，长 3～5cm，喙长 1cm。种子近球形，黄色或暗红棕色。花期 4—5 月，果期 5—6 月。

地理分布　原产于亚洲。全市各地均有栽培。

主要用途　叶腌制后可供食用；种子及全草药用；种子磨粉称芥末；种子油称芥子油；优良的蜜源植物。

附种 1　大叶芥菜 var. ***foliosa***，基生叶及茎生叶大，仅下部具裂片，边缘具波状钝齿。全市各地均有栽培。鲜食或腌渍后食用。

附种 2　细叶芥菜（油芥菜）var. ***gracilis***，茎生叶长圆形或倒卵形，边缘具重锯齿或缺刻。全市各地均有栽培。种子可榨食用油、作调味料或药用。

附种 3　雪里蕻 var. ***multiceps***，基生叶及茎下部叶多裂，边缘皱卷，茎上部叶有齿或稍分裂，最上部的全缘。全市各地均有栽培。用于腌制雪菜。模式标本采自宁波。

附种 4　大头菜 var. ***napiformis***，块根肉质，粗大坚实，长圆球形，外皮及内面均为黄棕色，下生多数须根；基生叶及下部茎生叶长圆状卵形，长 20～30cm，有粗齿，稍具粉霜。全市各地均有栽培。块根鲜食或酱渍后食用，或作饲料。

附种 5　榨菜 var. ***tumida***，近地面的茎膨大呈肉质瘤块状；茎生叶倒卵形或长圆形，长 40～80cm，平坦或皱缩，基部大头羽状深裂。全市各地均有栽培，尤以慈溪、余姚较为普遍。茎用于腌制榨菜。

大叶芥菜

细叶芥菜

雪里蕻

大头菜

榨菜

欧洲油菜 胜利油菜

学名 **Brassica napus** Linn. 属名 芸薹属

形态特征 一年或二年生草本，高30～50cm。具粉霜；茎直立，有分枝，仅幼叶有少数散生刚毛。叶厚，肉质，粉蓝色或蓝绿色；基生叶及茎下部叶片大头羽裂，5～25cm×2～6cm，顶裂片卵形，长7～9cm，先端圆形，基部近截平，边缘具钝齿，侧裂片约2对，卵形，长1.5～2.5cm；叶柄基部有裂片；茎中上部叶片长圆状椭圆形至披针形，基部心形，抱茎。总状花序伞房状，顶生；花瓣浅黄色，倒卵形，长1～1.5cm，具4～6mm长瓣柄。长角果条形，长4～8cm，果瓣具1中脉，喙细，长1～2cm。种子球形，黄棕色。花期3—4月，果期4—5月。

地理分布 原产于欧洲。全市各地均有栽培。

主要用途 主要油料作物之一；种子药用，具有行气、消肿等功效。

附种1 **芸薹**（油菜）***B. rapa*** var. ***oleifera***，叶片质地较薄，深绿色，基生叶及茎生叶基部均抱茎，茎下部叶片羽状中裂，上部叶片基部两侧有垂耳；花瓣长0.7～1cm，基部瓣柄短。原产于我国；全市各地均有栽培。重要油料作物。

附种2 **紫菜薹** ***B. rapa*** var. ***purpuraria***，与芸薹相近，但茎、叶、叶柄、花序轴及果瓣均带紫色；下部茎生叶三角状卵形或披针状长圆形，上部叶基部略抱茎。全市各地均有栽培。可作蔬菜。

芸薹

紫菜薹

甘蓝 卷心菜 包心菜

学名 **Brassica oleracea** Linn. var. **capitata** Linn. **属名** 芸薹属

形态特征 二年生草本，高达1m。当年生茎肉质，短而粗壮。基生叶多数，叶片大，长圆状倒卵形或近圆形，长、宽均为15～40cm，基部骤狭，呈短而有宽翅的叶柄，边缘波状，内层叶互相紧密包叠呈球形、扁球形或心脏形，乳白色，外层叶片灰蓝绿色，被白粉；次年茎伸长，有分枝，茎生叶质厚，蓝绿色，被白粉，叶片宽椭圆形或长椭圆形，较小，全缘或上部边缘具数枚浅钝齿，基部具浅耳，最上部叶片长圆形。总状花序顶生和腋生；萼片狭而直立；花瓣乳黄色，长1.5～2cm，基部具细长瓣柄。长角果圆柱形，具短喙。花期4—5月，果期5—6月。

地理分布 原产于欧洲。全市各地均有栽培。

主要用途 内层叶片可作蔬菜；种子可榨油。

附种1 羽衣甘蓝 ***B. oleracea*** var. ***acephala***，叶皱缩，不包裹成球状体，呈白黄色、黄绿色、粉红色或红紫色等，有长叶柄。全市各地均有栽培，供观赏。

附种2 花椰菜（花菜）***B. oleracea*** var. ***botrytis***，叶较狭长，全缘或有细齿，不包裹成球状体，叶柄长，多有翅；茎顶端的总花梗、花梗和不育花变成肉质、肥厚、乳白色的头状体。原产于我国。全市各地均有栽培。花序作蔬菜。

附种3 青花菜（西蓝花）***B. oleracea*** var. ***italica***，与花椰菜相近，但叶片与植株均稍大，头状体蓝绿色。原产于西欧。除市区外的全市各地均有栽培。花序作蔬菜。

羽衣甘蓝

花椰菜

青花菜

145 青菜

学名 **Brassica rapa** Linn. var. **chinensis** (Linn.) Kitamura　属名 芸薹属

形态特征　一年或二年生草本，高 25～40cm。全株无毛。茎直立，下部或基部分枝。基生叶丛生，开展或直立，叶片倒卵形或宽倒卵形，长 20～30cm，全缘或有不明显圆齿或波状齿，基部渐狭成叶柄，肉质肥厚，白色或淡绿色，叶柄的形状和颜色因品种不同而异；茎生叶片长椭圆形或宽披针形，长 8～15cm，基部圆耳状抱茎。总状花序顶生，花后伸长；花瓣黄色，基部具短瓣柄。长角果圆柱形，长 2～6cm，果瓣中脉明显。种子紫褐色，近球形。花期 4—5 月，果期 5—6 月。

地理分布　原产于我国。全市各地普遍栽培。

主要用途　嫩叶作蔬菜。

附种 1　**塌棵菜** ***B. rapa*** subsp. ***narinosa***，基生叶紧密排列成莲座状，平铺地面，叶面皱缩，墨绿色。原产于我国。除市区外的全市各地均有栽培。为冬、春季重要蔬菜。

附种 2　**大白菜** ***B. rapa*** var. ***glabra***，基生叶边缘波状，叶柄宽而扁，有翅；叶片外层绿色，内层白色，层层包叠成长椭球形或圆筒形。原产于华北。全市各地均有栽培。为秋、冬季重要蔬菜。

塌棵菜

大白菜

146 荠菜 荠

学名 **Capsella bursa-pastoris** (Linn.) Medik.　　**属名** 荠属

形态特征　一年或二年生草本，高10～50cm。植株被单毛、分叉毛或星状毛。茎直立，分枝或不分枝。基生叶莲座状，平铺地面，叶片大头羽状分裂，2～8cm×0.5～2.5cm，顶裂片显著大，侧裂片3～8对，叶柄有狭翅；茎生叶片长圆形或披针形，基部箭形，抱茎，边缘有缺刻或锯齿。总状花序顶生及腋生，果期延长达20cm；萼片长圆形；花瓣白色，卵形，较萼片稍长，有短瓣柄。短角果倒三角形或倒三角形心状，扁平，无毛，顶端微凹，果瓣有显著网纹。种子棕色，椭球形，表面具细小凹点。花期1—4月，果期5—7月，可延续至秋季。

分布与生境　见于全市各地；生于山坡、田野及路旁。产于全省各地；分布于全国；世界温带地区广布。

主要用途　全草药用，具利尿、止血、清热、明目、消积等功效；茎叶作野菜。

147 碎米荠

学名 **Cardamine hirsuta** Linn.　　属名 碎米荠属

形态特征　一年或二年生草本，高15～30cm。茎直立或斜升，分枝或不分枝，下部有时淡紫色，被较密柔毛。奇数羽状复叶；基生叶少数，与茎下部叶均具叶柄，有小叶2～5对，顶生小叶片宽卵形至肾圆形，5～14mm×4～14mm，边缘有3～7波状齿，小叶柄明显，侧生小叶片基部楔形，两侧稍歪斜，边缘有2～3圆齿，有或无小叶柄；茎上部的顶生小叶片菱状长圆形，先端3齿裂，无小叶柄，侧生小叶片卵形或条形，全缘或具1～2齿；小叶片两面稍有毛。总状花序顶生；萼片绿色或淡紫色，外面有疏毛；花瓣白色，先端钝，基部渐窄。长角果条形，长达3cm。种子褐色，椭球形。花期2—4月，果期4—6月。

分布与生境　见于全市各地；多生于山坡、路旁、荒地及耕地的草丛中。产于全省各地；分布几遍全国；广布于全球温带地区。

主要用途　全草药用，具清热祛湿、利尿解毒等功效；嫩茎叶可作野菜。

附种1　弯曲碎米荠 *C. flexuosa*，茎铺散，较曲折，自基部多分枝；基生叶有小叶3～7对，顶生小叶片卵形或长圆形，长、宽均2～5mm，先端3齿裂；果序常左右弯曲，长角果长1～2.5cm。见于除市区外全市各地；生于田边、路旁及草地。

附种2　大顶叶碎米荠 *C. scutata* var. *longiloba*，基生叶多数，顶生小叶较大，多为菱状卵形，通常不规则3裂，中央裂片较大，三角形或长圆形。见于余姚、北仑、鄞州；生于山坡或旱地沟边湿润处。为本次调查发现的华东分布新记录植物。

弯曲碎米荠

大顶叶碎米荠

148 弹裂碎米荠

学名 **Cardamine impatiens** Linn.　　属名 碎米荠属

形态特征 一年或二年生草本，高 20～40cm。茎直立，不分枝，有时上部分枝，有沟棱，无毛或被稀疏短柔毛。奇数羽状复叶，基部有托叶状叶耳；基生叶有小叶 2～8 对，顶生小叶片倒卵形或长圆形，8～13mm×3～8mm，先端锐尖，具小刺尖，基部楔形，边缘有 3～5 钝齿状浅裂，小叶柄显著，侧生小叶片与顶生者相似，向下渐狭，最下 1 叶片为狭卵形，全缘；茎生叶有小叶 3～8 对，顶生小叶片卵形或卵状披针形，侧生小叶较小；全部小叶无毛或散生短柔毛，边缘有缘毛。总状花序顶生和腋生，果期花序伸长，花多而小；花瓣白色。长角果狭条形，稍扁，果瓣成熟时自下而上弹卷开裂。花期 4—6 月，果期 5—7 月。

分布与生境 见于余姚、北仑、鄞州、奉化、宁海、象山；生于路旁、山坡、沟谷、水边或阴湿处。产于杭州及义乌、遂昌、龙泉等地；分布于华东、华中、西南、西北及吉林、山西等地；东北亚、欧洲也有。

主要用途 全草药用，具消热利湿、解毒利尿等功效；种子可榨油。

附种 **毛果碎米荠** var. ***dasycarpa***，茎、叶、萼片及长角果均显著被毛。见于除市区外全市各地；生境同原变种。

毛果碎米荠

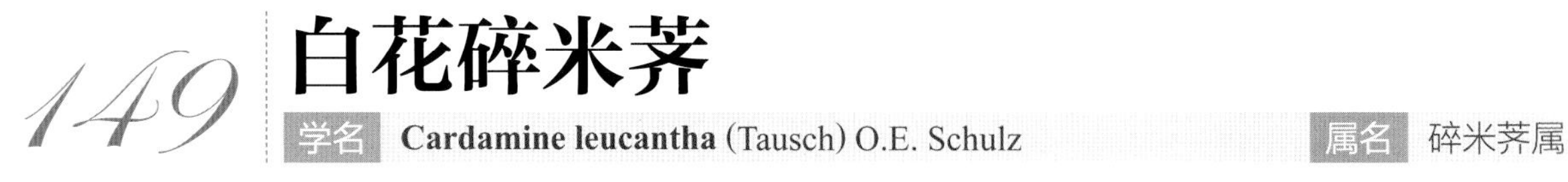

149 白花碎米荠

学名 **Cardamine leucantha** (Tausch) O.E. Schulz　　属名 碎米荠属

形态特征　多年生草本，高30～60cm。根状茎短而匍匐；茎直立，不分枝，稀上部少数分枝，被柔毛。基生叶有长叶柄，小叶2或3对；茎中部叶有较长的叶柄，通常有小叶2对，小叶片较大，披针形或宽披针形，先端长渐尖，基部楔形或宽楔形，边缘具不整齐锯齿，具柄，顶生小叶片4～6.5cm×1.5～2.5cm；茎上部叶有小叶1或2对，小叶片宽披针形，较小；全部小叶两面均有柔毛，下面尤多。总状花序顶生，分枝或不分枝，花后伸长；萼片边缘膜质，外面有毛；花瓣白色。长角果条形，果梗直立开展。种子栗褐色，边缘具窄翅或无。花期4—7月，果期6—8月。

分布与生境　见于余姚、鄞州、奉化、宁海；生于路边、山坡湿草地、混交林下及山谷沟边阴湿处。产于杭州；分布于东北、华北、西北、华东、华中及贵州、四川等地；东北亚也有。

主要用途　全草药用，具清热利湿、化痰止咳等功效；嫩茎叶可作野菜；花色洁白，可供观赏。

心叶碎米荠

学名 **Cardamine limprichtiana** Pax 属名 碎米荠属

形态特征 多年生草本，高15～45cm。根状茎短；茎直立，多分枝；茎、叶被白色单毛。单叶；基生叶片卵状心形，2.5～7cm×2.5～4.5cm，边缘具钝圆齿，有时有很小的侧生小叶1～3对；茎生叶具较长的叶柄，顶生小叶片为三角状心形，先端尾尖，基部心形，边缘锯齿钝或略尖锐，侧生小叶亦小，小叶柄通常显著；茎上部叶常为单叶，叶片三角状披针形，具叶柄。总状花序顶生和腋生；萼片长卵形，长约3mm；花瓣白色，先端平截状或微凹，向下渐窄成短瓣柄。长角果细长，直或弓形弯曲。种子暗褐色。花期3—5月，果期5—6月。

分布与生境 见于余姚、镇海、北仑、鄞州、奉化、宁海、象山；生于林下、路边及山坡岩旁。产于杭州、金华等地；分布于安徽、江苏。模式标本采自宁波。

主要用途 可供观赏。

附种 **安徽碎米荠 *C. anhuiensis***，三出羽状复叶，基生叶为单叶或具1对小叶，顶生小叶片圆心形或肾状心形，1.4～2.2(3.8)cm×1.6～2.8(4.4)cm，边缘具不整齐钝圆齿；茎生叶较小，有小叶1对。见于余姚、北仑、鄞州；生于海拔100～300m的山沟水边或林下阴湿处。

安徽碎米荠

151 水田碎米荠

学名 **Cardamine lyrata** Bunge　　**属名** 碎米荠属

形态特征　多年生草本，高 30～60cm。全株无毛。根状茎较短，生多数须根；茎直立，稀分枝，有沟棱；匍匐茎细长。匍匐茎中部以上的叶为单叶，叶片宽卵形或圆肾形，1～3cm×5～20mm，先端圆或微凹，基部心形，边缘浅波状，叶柄长 3～12mm；茎生叶无柄，叶片大头羽状全裂，小叶 2～9 对，顶生小叶片大，宽卵形，边缘有浅波状圆齿或近全缘，最下 1 对裂片向下抱茎。总状花序顶生；花瓣白色。长角果条形。种子椭球形，有宽翅。花期 4—6 月，果期 5—7 月。

分布与生境　见于除市区外全市各地；生于水田、溪沟边或浅水处。产于杭州；分布于东北、华东、华中及广西、河北、内蒙古、贵州、四川等地；东北亚也有。

主要用途　全草药用，具清热祛湿等功效；幼嫩茎叶可供食用；可供观赏。

附种　浙江碎米荠 *C. zhejiangensis*，匍匐茎无或短。基生叶和茎下部叶有小叶 1～3 对，最下面 1 对小叶着生于叶柄基部，不抱茎。见于余姚、北仑；生于山坡石隙间或林下沟边及草丛中。

浙江碎米荠

152 臭荠

学名 **Coronopus didymus** (Linn.) J.E. Smith　属名 臭荠属

形态特征　一年或二年生匍匐草本。全体有臭味。主茎短而不明显，基部多分枝，有柔毛。叶片一回或二回羽状全裂，裂片3～7对，条形，2.5～10mm×1mm，先端急尖，基部楔形，全缘，两面无毛；叶柄长5～8mm。总状花序腋生，长1～4cm；花小，花瓣白色，长圆形，比萼片稍长。短角果扁肾形，2裂，果瓣半球形，表面有粗糙皱纹，熟时分成2瓣但不开裂。种子肾形，红棕色。花期4月，果期5月。

分布与生境　见于全市各地；生于路旁或荒地。产于全省各地；分布于华东及湖北、广东、四川、云南等地；欧洲、北美、亚洲也有。

主要用途　民间作配方，治疗单纯性骨折。

153 葶苈

学名 **Draba nemorosa** Linn.　　属名 葶苈属

形态特征　一年或二年生草本，高10～25cm。常簇生；茎直立，下部有毛，上部无毛。基生叶呈莲座状，叶片长圆状椭圆形，1～1.5(3)cm×0.5(1.5)cm，先端钝尖，基部楔形或渐圆，边缘有疏齿或全缘，两面密被灰白色叉状和星状毛；茎生叶互生，向上渐小，叶片卵状披针形或椭圆形，两面疏被毛。总状花序顶生和腋生，花后伸长；花小，花瓣黄白色，倒卵状长圆形。短角果椭圆形至倒卵状长圆形，密被单毛，熟时开裂。种子细小，淡褐色。花期3—4月，果期5—6月。

分布与生境　见于慈溪、余姚、镇海、江北、北仑、鄞州、奉化、宁海、象山；生于田野、路边及山坡林下。产于全省各地；分布于东北、西北、华北、华东、西南及湖南；亚洲西南部和东北部、欧洲、北美也有。

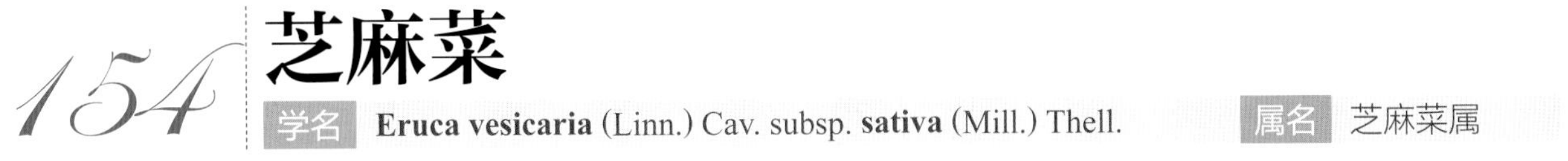

154 芝麻菜

学名 **Eruca vesicaria** (Linn.) Cav. subsp. **sativa** (Mill.) Thell.　属名 芝麻菜属

形态特征　一年生草本，高 20～90cm。茎直立，上部常分枝，疏生硬长毛。基生叶及茎下部叶大头羽状分裂或不裂，4～7cm×2～3cm，顶裂片近圆形或短卵形，有细齿，侧裂片卵形或三角状卵形，全缘，仅下面脉上疏生柔毛，叶柄长 2～4cm；上部叶具 1～3 对裂片，无柄。总状花序疏生多数花；花梗长 2～3mm，具长柔毛；萼片长 8～10mm，带棕紫色，外面被蛛丝状长柔毛；花瓣黄色，后变白色，有紫纹，基部有窄条形长爪。长角果圆柱形，具 1 隆起中脉，喙剑形，有 5 纵脉。种子棕色，有棱角。花期 4—5 月，果期 6—8 月。

地理分布　原产于东北、华北、西北及四川；欧洲北部、亚洲西部和北部、非洲西北部也有。宁海有归化；生于田边路旁。浙江属、种归化新记录。

155 云南山萮菜 山萮菜

学名 **Eutrema yunnanense** Franch.　　**属名** 山萮菜属

形态特征 多年生草本，高达 50cm。茎直立或斜升，较细弱。基生叶片大，心状圆形，直径可达 20cm，先端圆形或突尖，基部深心形，边缘有波状齿或牙齿，上面叶脉下陷，叶柄粗壮，鞘状，长达 35cm；茎生叶片较小，卵状三角形，先端急尖至渐尖，基部截形至浅心形，边缘有粗大牙齿。总状花序顶生；花梗细长，花后常下弯；花瓣 4，白色。长角果圆柱形，稍呈念珠状。花期 3—4 月，果期 5—6 月。

分布与生境 见于余姚、北仑、鄞州、奉化、宁海；生于海拔 150～600m 的山沟、山坡林下阴湿处。产于临安、莲都；分布于华东、华中、西南、西北。

主要用途 嫩叶可作野菜。

156 浙江泡果荠

学名 **Hilliella warburgii** (O.E. Schulz) Y.H. Zhang et H.W. Li　**属名** 泡果荠属

形态特征　一年或二年生草本，高 10～25cm；无毛。茎直立，从基部分枝，具纵棱槽，有时基部带紫色。基生叶为单叶，叶片近圆形，长、宽均为 1～1.5cm，边缘 3～5 浅至深裂，裂片具不整齐圆齿，叶柄长 2～3cm；下部茎生叶片近圆形，3～5 深裂，或具 3 小叶；茎中部叶为 3 小叶，小叶片较长，叶柄较短；茎上部叶为单叶，叶片 3 深裂，近无柄。总状花序具 12～27 花；萼片长圆形，先端钝；花瓣淡紫红色，长约 1.5mm，基部收缩成短瓣柄。短角果长约 1mm，果瓣表面泡状突起不明显。种子褐色，表面密生小瘤状突起。花期 4—5 月，果期 5—6 月。

分布与生境　见于余姚、北仑、宁海；生于林下，或在岩石上与苔藓混生。产于台州及临安、建德、诸暨、普陀、东阳、乐清。模式标本采自宁波。

主要用途　嫩茎叶可作野菜。

附种　**白花浙江泡果荠** var. ***albiflora***，植株矮小，高 7.5～9(11)cm；花白色。产于余姚；生于较高海拔山坡林下。

白花浙江泡果荠

157 北美独行菜

学名 **Lepidium virginicum** Linn. **属名** 独行菜属

形态特征 一年或二年生草本。茎单一，直立，上部多分枝，具柱状腺毛。基生叶片倒披针形或椭圆形，长1～5cm，先端急尖，基部渐窄，边缘有锯齿，两面有短伏毛，叶柄长1～1.5cm；茎生叶片倒披针形或条形，1.5～3.5cm×0.2～1cm，先端急尖，基部渐狭，边缘有尖锯齿或全缘，两面无毛，有短柄。总状花序顶生；萼片椭圆形，长约1mm；花瓣白色，倒卵形，比萼片稍长，稀无花瓣。短角果近圆形，扁平，先端微凹，边缘有窄翅。种子红棕色，边缘有白色窄翅。花期4—5月，果期6—7月。

地理分布 原产于美洲、欧洲。全市各地均有归化；生于田边或荒地，为田间杂草。

主要用途 种子药用，作“葶苈子”用，具利水平喘等功效；全草有驱虫消积之效，也可作饲料。

158 香雪球

学名 **Lobularia maritima** (Linn.) Desv.　　属名 香雪球属

形态特征　多年生草本，高14～38cm。全株被“丁”字毛。茎自下部多分枝。叶片条形或披针形，1.5～5cm×2～9mm，全缘。总状花序顶生，初时伞房状，果期伸长可达26cm；萼片长圆状椭圆形；花瓣淡紫色或白色，长圆形，具淡紫色瓣柄。短角果椭球形，长3～3.5mm，无毛或在上半部有稀疏“丁”字形毛；果瓣扁压而稍膨胀，中脉清晰。种子每室1粒，淡红褐色。花果期5—6月。

地理分布　原产于地中海沿岸。鄞州有栽培。

主要用途　花美丽，供观赏。

159 紫罗兰

学名 **Matthiola incana** (Linn.) R. Br. 属名 紫罗兰属

形态特征 二年或多年生草本，高达60cm。全株密被灰白色星状绵毛。茎直立，多分枝，基部稍木质化。叶互生；叶片长圆形至倒披针形，4～9cm×0.5～3cm，先端圆钝，基部渐狭成柄，向上渐无柄，全缘或呈微波状。总状花序顶生和腋生；花多数，花瓣紫红色、淡红色或白色，近卵形，先端浅2裂或微凹，边缘波状，基部具长瓣柄。长角果圆柱形，果瓣中脉明显，先端浅裂。种子近扁球形，边缘具白色膜质翅。花期4—5月。

地理分布 原产于欧洲南部。全市有栽培。

主要用途 花美丽，供盆栽或作地被、花境观赏。

160 诸葛菜 二月兰

学名 **Orychophragmus violaceus** (Linn.) O.E. Schulz　属名 诸葛菜属

形态特征　一年或二年生草本，高 20～65cm。全株有白粉。茎直立，单一或从基部有分枝，浅绿色或带紫色。基生及下部茎生叶片大头羽状全裂，5～11cm×2.5～5cm，顶裂片大，倒卵状长圆形或三角状卵形，基部心形，边缘有波状钝齿，侧裂片 1～4 对，长圆形或歪卵形，全缘或有齿状缺刻，有柄；茎中、上部叶片长圆形或窄卵形，先端急尖，基部耳状抱茎，边缘有不整齐牙齿，无柄。总状花序顶生；花瓣淡紫红色，有细密脉纹，基部变窄成丝状瓣柄。长角果条形，长 5～13cm，无毛，具 4 棱，喙长 1～4cm，果瓣有 1 明显中肋。种子黑棕色，有纵条纹。花期 3—5 月，果期 4—6 月。

地理分布　原产于杭州及平湖；分布于华东、华中、华北及四川、陕西、甘肃、辽宁等地；朝鲜半岛也有。慈溪、余姚、北仑、象山等地有栽培。

主要用途　花美丽，栽培供观赏；嫩茎叶经处理后可作蔬菜；种子可榨油。

附种　**铺散诸葛菜 *O. diffusus***，茎从基部多分枝，细弱，铺散；全部叶片大头羽状分裂，顶裂片心形或肾形，基部裂片大，抱茎；长角果长 5～7cm。见于象山；生于海岛山坡岩石旁、路边林缘灌草丛中。

铺散诸葛菜

161 萝卜

学名 **Raphanus sativus** Linn. 属名 萝卜属

形态特征 一年或二年生草本，高达1m。直根肉质，粗壮；茎直立，中空，有分枝，稍具粉霜。基生和下部茎生叶片大头羽状半裂，20～25cm×8～10cm，侧裂片4～6对，向基部渐缩小，长圆形，边缘有不整齐大牙齿或缺刻，疏生粗毛，有柄；上部叶片长圆形至披针形，不裂或稍分裂，有锯齿或缺刻，稀全缘。总状花序顶生及腋生；花瓣倒卵形，淡紫红色或白色，长1～1.8cm，具紫纹，下部有长5mm的瓣柄。长角果圆柱形，长3.5～6.5cm，种子之间缢缩，果瓣内壁海绵质，不开裂，顶端具喙。种子红棕色，表面有细网纹。花期4—5月，果期5—6月。

地理分布 全市各地普遍栽培。

主要用途 根为常见蔬菜；全株药用，种子为“莱菔子”，具化痰定喘、消食化积等功效；干燥老根具利水消肿、宣肺等功效；干叶具清咽和胃等功效。

附种 **蓝花子** var. ***raphanistroides***，主根细长，不呈肉质肥大，侧根发达；茎高约30cm，具稀疏白色硬毛；基生叶侧裂片2或3对；花瓣长约2cm；长角果长1～2cm。见于慈溪、镇海、北仑、宁海、象山；生于滨海平原近海岸的盐碱地，砂质、砾石质海滩潮上带及滨海低丘山坡、路旁。

蓝花子

162 广州蔊菜

学名 **Rorippa cantoniensis** (Lour.) Ohwi　　属名 蔊菜属

形态特征　一年或二年生草本，高约20cm；无毛。茎直立或呈铺散状分枝。基生叶片羽状深裂，2～5cm×0.5～1.5cm，裂片4～6对，顶裂片较大，边缘具缺刻状齿，有柄；茎生叶片渐小，羽状浅裂，裂片2～5对，基部短耳状，略抱茎，边缘具不整齐齿裂，无柄。总状花序顶生；花黄色，近无梗，生于叶状苞片腋部；花瓣4，倒卵形，基部渐狭成瓣柄；雄蕊6，近等长。短角果圆柱形。种子多数，扁卵球形，红褐色，具网纹，一端凹缺。花期3—4月，果期4—5月。

分布与生境　见于除市区外全市各地；生于田边、路旁、山沟、河边或潮湿地。产于杭州及吴兴、诸暨、温岭、临海、瑞安等地；分布于华东、华中、西南及河北、辽宁、广东、广西、陕西等地；东北亚及越南也有。

主要用途　嫩茎叶可作野菜。

163 蔊菜 印度蔊菜

学名 **Rorippa indica** (Linn.) Hiern　　属名 蔊菜属

形态特征 一年或二年生草本，高 15～50cm。植株较粗壮，无毛或具疏毛。茎直立，单一或分枝，具纵沟。基生叶及茎下部叶具长柄，叶形多变，常大头羽状分裂，7～12cm×1～3cm，侧裂片 2～5 对，两面无毛，具柄；茎上部叶片宽披针形或匙形，向上渐小，多数不裂，边缘具疏齿，具短柄或基部稍耳状抱茎。总状花序顶生或侧生；花小，多数，具细花梗；花瓣 4，黄色，匙形，基部渐狭成短瓣柄；雄蕊 6，2 枚稍短。长角果条状圆柱形，短而粗，每室具 2 行种子。种子多数，具网纹。花期 4—5 月，果期 6—8 月。

分布与生境 见于全市各地；生于路旁、田边、屋边墙脚及山坡路旁等较潮湿处。产于全省各地；分布于华东、华中及广东、四川、云南、陕西、甘肃等省；朝鲜半岛及日本、菲律宾、印度尼西亚、印度也有。

主要用途 全草药用，具止咳化痰、清热解毒等功效；外用治痈肿疮毒及烫火伤。

附种 无瓣蔊菜 *R. dubia*，植株较细弱，叶质较薄；花瓣缺；角果条形，细长，种子每室 1 行。见于余姚；生境同“蔊菜”。

无瓣蔊菜

二十　伯乐树科（钟萼木科）
Bretschneideraceae*

164 伯乐树 钟萼木

学名 **Bretschneidera sinensis** Hemsl.　**属名** 伯乐树属

形态特征　落叶乔木，高达20m。树皮灰褐色；小枝粗壮，连同叶柄、叶轴密被脱落性棕色糠秕状短毛，具狭条状淡褐色皮孔；叶痕大，半圆形；髓心大，海绵质；芽大，芽鳞红褐色，被毛。奇数羽状复叶，长约50cm，有对生小叶片(3)7～13(15)片，叶柄长10～18cm；小叶片长圆形或椭圆形，9～20cm×3.5～6(8)cm，先端渐尖，基部楔形至宽楔形，偏斜，全缘，上面无毛，下面粉绿色，密被棕色短柔毛，具短柄。总状花序顶生，长20～36cm；总花梗、花梗、花萼外面密被棕色短绒毛；花萼钟形，具不明显5齿；花淡红色，花瓣内面有红色纵条纹。蒴果木质，红褐色，被极短密毛，三棱状椭球形或近球形，三瓣裂。花期4—5月，果期9—10月。

地理分布　原产于温州、衢州、丽水及武义；分布于华东、华中、西南及广东、广西；越南、泰国北部也有分布。镇海、鄞州有栽培。

主要用途　国家Ⅰ级重点保护野生植物。花大艳丽，可作用材及观赏树种。

---

* 宁波栽培1属1种。本图鉴予以收录。

二十一　茅膏菜科 Droseraceae*

165 茅膏菜 光萼茅膏菜

学名 **Drosera peltata** Smith ex Will.　属名 茅膏菜属

形态特征　多年生柔弱草本，高9～32cm。球茎鳞茎状，直径1～8mm，紫色。茎直立，有时匍匐状，顶部3至多个分枝。基生叶密集成近一轮或最上几片着生于伸长的茎上，不退化基生叶片圆形或扁圆形，长2～4mm，退化基生叶片条状钻形，长约2mm；茎生叶稀疏，互生，叶片半月形或半圆形，长2～3mm，基部近截平，叶缘密具头状黏质腺毛，背面无毛；叶柄盾状着生。聚伞花序顶生，具3～22花；花萼5～7裂，裂片大小不等，歪斜，呈一边具角的披针形或卵形，背面被长腺毛；花瓣楔形，白色、淡红色或红色，基部有黑点或无。蒴果，长2～4mm，5(6)裂。花果期4—9月。

分布与生境　见于余姚、北仑、鄞州、奉化、宁海、象山；生于草丛或灌丛中、田边、水旁。产于全省各地；分布于华东、华中、西南及甘肃等地；亚洲东部、东南部及澳大利亚也有。

附种　**匙叶茅膏菜** ***D. spathulata***，不具球茎；地上茎短；叶基生，密集莲座状，叶片倒卵形、匙形或楔形；聚伞花序花葶状，1或2；花萼钟状，5裂至基部或近基部。见于宁海、象山；生于山坡和岩石间的湿草地。

* 宁波有1属2种。本图鉴全部予以收录。

匙叶茅膏菜

二十二　景天科 Crassulaceae*

166 紫花八宝

学名 **Hylotelephium mingjinianum** (S.H. Fu) H. Ohba　属名 八宝属

形态特征　多年生草本，高 20～40cm。植株有时呈紫红色；茎直立，常不分枝。叶互生；下部叶片宽椭圆状倒卵形，8～12cm×3～5cm，先端钝或具尖头，基部渐狭成柄，边缘有波状钝锯齿；上部叶片狭卵形至条形，较小。伞房花序顶生，具多数花；萼片 5，狭卵状披针形；花瓣 5，紫色，狭卵形；雌蕊 10，与花瓣近等长。种子褐色，条形。花期 9—10 月，果期 10 月。

分布与生境　见于余姚、鄞州、奉化、宁海、象山；生于山间溪沟边阴湿处和石隙中。产于杭州及安吉、诸暨、婺城、永康；分布于华中及安徽、广西等地。

主要用途　全草药用，具活血生肌、止血解毒等功效；可盆栽观赏。

* 宁波有 6 属 20 种 1 变种 2 品种，其中栽培 4 种 2 品种。本图鉴收录 4 属 15 种 1 变种 2 品种，其中栽培 2 品种。

167 轮叶八宝

学名 **Hylotelephium verticillatum** (Linn.) H. Ohba 属名 八宝属

形态特征 多年生肉质草本，高40～70cm。茎直立，少分枝。叶4片轮生，下部的叶常3片轮生或2片对生，比节间长；叶片长圆形或长圆状披针形，5～8cm×2～3cm，先端圆钝，基部渐狭至柄，边缘有整齐的疏齿，上面深绿色，下面淡绿色。聚伞状伞房花序顶生，花密集；萼片5，三角状卵形；花瓣5，淡绿色至黄白色，长圆状椭圆形；雄蕊10，对萼者较花瓣稍长，对瓣者较短。种子淡褐色，狭椭球形。花期7—9月，果期9—11月。

分布与生境 见于余姚、鄞州、奉化、宁海、象山；生于林下石隙或山坡水沟边；慈溪有栽培。产于安吉、临安、天台；分布于东北、华中及安徽、甘肃、陕西、山西、四川等地；东北亚也有。

附种 八宝 ***H. erythrostictum***，叶对生，稀互生或3片轮生，比节间短；花瓣白色或粉红色，宽披针形；雄蕊与花瓣等长或稍短；种子条形。原产于临安；分布于江苏、安徽、湖北等省；东北亚也有。全市各地均有栽培；慈溪有归化，生于溪沟边阴湿处和石隙中。

八宝

168 晚红瓦松

学名 **Orostachys japonica** A. Berger　　属名 瓦松属

形态特征　多年生肉质草本，高15～25cm。茎直立，连同叶片、萼片及花瓣均有红色小圆斑点。基部叶莲座状，叶片狭匙形，1.5～3cm×4～7mm，先端长渐尖，有1软骨质刺，边缘具流苏状齿牙；花茎上的叶散生，叶片条形至条状披针状。花序总状，多数花排成狭长圆筒形，长8～20cm；苞片叶状，条形；萼片5，卵形，先端钝；花瓣5，白色或淡紫色，披针形；雌蕊10，较花瓣稍长或稍短，花药暗紫色。花期9—10月。

分布与生境　见于全市各地；生于石隙或旧屋顶瓦缝中。产于杭州、舟山、台州、温州及安吉、新昌、永康；分布于华东、华北；东北亚也有。

主要用途　全草药用；也可盆栽观赏或供岩石绿化；嫩茎叶可食。

169 费菜 土三七

学名 **Phedimus aizoon** (Linn.)'t Hart 属名 费菜属

形态特征 多年生草本，高20～50cm。根状茎粗壮，块状，近木质化，通常抽出1～3条茎。茎直立，不分枝。叶互生；叶片宽卵形、披针形或倒卵状披针形，2.5～5cm×1～2cm，先端钝尖，基部楔形，边缘有不整齐的锯齿或近全缘。聚伞花序顶生，水平分枝；花密集；萼片5，肉质，不等长；花瓣5，黄色；雄蕊10，较花瓣短。蓇葖果呈星芒状。种子平滑，边缘具狭翅。花果期6—9月。

分布与生境 见于余姚、北仑、鄞州、奉化、宁海、象山；生于山坡岩石上或屋边墙脚荒地；慈溪等地有栽培。全省均产；分布于长江流域及以北各地；东北亚也有。

主要用途 全草药用，具止血散淤、安神镇痛等功效；嫩茎叶可食。

170 东南景天

学名 **Sedum alfredii** Hance 属名 景天属

形态特征 多年生肉质草本。根状茎横走；不育茎高3～5cm；花茎单一或分枝，常带暗红色，高10～20cm。叶互生，下部者常脱落；叶片匙形至匙状倒卵形，1～2cm×3～8mm，先端钝，基部狭楔形；无柄，有短距。聚伞花序顶生，常有2或3分枝；花多数，无梗；苞片叶状，较小；萼片5，基部有距；花瓣5，黄色，披针形至长圆状披针形，长5～6mm；雄蕊10，比花瓣略短，花药紫褐色。蓇葖果熟时斜叉开，种子多数。种子栗褐色。花期4—5月，果期6—7月。

分布与生境 见于除市区外全市各地；生于山地林下湿处或岩石上。产于全省各地；分布于华东、华中及广东、广西、四川、贵州；朝鲜半岛及日本也有。

主要用途 开花繁茂，花色鲜艳，可作假山、岩壁绿化点缀；嫩茎叶可食。

附种 日本景天 ***S. japonicum***，叶片条状匙形，长0.5～1cm。见于余姚；生于山坡阴湿处。

日本景天

171 珠芽景天

学名 **Sedum bulbiferum** Makino　**属名** 景天属

形态特征　一年生肉质草本，高 10～15cm。根须根状；茎细弱，直立或斜升，着地部分节上常生不定根；叶腋常着生球形、肉质的小珠芽。叶互生，稀在基部对生；叶片卵状匙形或倒披针形，7～15mm×2～4mm，先端钝，基部渐狭，有短距。聚伞花序顶生，常有 2 或 3 分枝；花无梗；萼片 5，常不等长，顶端钝，基部具短距；花瓣 5，黄色，披针形至长圆形；雄蕊 10，较花瓣短，花药黄色。蓇葖果略叉开。种子表面有乳头状突起。花期 4—5 月。

分布与生境　见于慈溪、余姚、北仑、鄞州、奉化、宁海、象山；生于山坡、沟边阴湿处。全省各地常见；分布于长江流域及以南各地；日本也有。

主要用途　全草药用，具消炎解毒、散寒理气等功效；嫩茎叶可食。

172 大叶火焰草

学名 **Sedum drymarioides** Hance　　属名 景天属

形态特征　一年生肉质草本，高7～20cm。全体被腺毛；茎斜升，多分枝，细弱。下部叶对生或4片轮生，上部叶互生；叶片卵形至宽卵形，长1.5～3.5cm，先端圆钝，基部宽楔形并下延成柄；叶柄长0.5～1.5cm。圆锥花序疏散，具少数花；萼片5，长圆形至披针形；花瓣5，白色，长圆形，比萼片稍长，先端渐尖；雄蕊10，与花瓣近等长或略短，花药深紫褐色。蓇葖果熟时叉开。种子暗褐色。花期5—6月，果期8月。

分布与生境　见于余姚、北仑、鄞州、奉化、宁海、象山；生于低山阴湿的岩石上。产于杭州、丽水、温州及诸暨、武义、衢江；分布于华东、华中及广东、广西。

主要用途　可作岩壁、假山绿化。

附种　火焰草 ***S. stellariifolium***，叶片三角形或三角状卵形，长0.5～1.5cm；花黄色。见于余姚、鄞州、奉化；生于路边石坎或石隙中。

火焰草

173 凹叶景天

学名 **Sedum emarginatum** Migo　　属名 景天属

形态特征　多年生肉质草本，高 10～15cm。茎细弱，匍匐或斜升，着地部分常具不定根。叶对生；叶片匙状倒卵形至宽卵形，1～2.5cm×5～12mm，先端微凹，基部渐狭，有短距；无柄。聚伞花序顶生，常有 3 个分枝；花无梗；萼片 5，披针形至长圆形，先端钝，基部有短距；花瓣 5，黄色，条状披针形至披针形；雄蕊 10，比花瓣短，花药紫褐色。蓇葖果熟时略叉开，腹面有浅囊状突起。种子褐色。花期 5—6 月，果期 6—7 月。

分布与生境　见于全市各地；生于山坡林下阴湿处或石隙中。产于全省各地；分布于华东、华中及甘肃、陕西、四川、云南。

主要用途　可作地被及岩壁等绿化；嫩茎叶可食。

附种　圆叶景天 ***S. makinoi***，叶片先端圆钝。见于慈溪、余姚、北仑、鄞州、奉化、宁海；生于低山山谷林下阴湿处及沟边岩石上；市区有栽培。

圆叶景天

174 佛甲草

学名 **Sedum lineare** Thunb.　　属名 景天属

形态特征 多年生肉质草本，高10～20cm。茎细弱，直立或斜升，基部节上生不定根。叶3片轮生，稀4片轮生或对生；叶片条形，10～15mm×1～2mm，先端钝，基部有短距；无柄。聚伞花序顶生，常有2～3分枝；花疏生，中央1朵常有短梗，余近无梗；苞片叶状，较小；萼片5，条状披针形，不等长；花瓣5，黄色，宽披针形；雄蕊10，较花瓣短。蓇葖果熟时略叉开。种子表面具乳头状突起。花期4—5月，果期5—6月。

分布与生境 见于慈溪、余姚、镇海、鄞州、奉化、宁海、象山；生于阴湿的岩石上。产于全省各地；分布于华东、华中、西南及甘肃、广东、陕西；日本也有。

主要用途 全草药用，具消肿解毒之功效；较耐干旱瘠薄，可用于屋顶、岩壁、假山及地被绿化；嫩茎叶可食。

附种 **金叶佛甲草 'Aurea'**，叶片金黄色。全市各地均有栽培。

金叶佛甲草

175 藓状景天

学名 **Sedum polytrichoides** Hemsl. 属名 景天属

形态特征 多年生肉质草本，高5～10cm。茎基部木质化，纤细、丛生、斜上，有多数不育枝，茎下部常有较密生的残叶。叶片条形至条状披针形，5～15mm×1～2mm，先端钝或尖，基部有明显的距。聚伞花序顶生，常有2～4分枝；花近无梗；苞片叶状，较小；萼片5，长卵形，无距；花瓣5，黄色，狭披针形；雄蕊10，比花瓣短，花药黄色。蓇葖果长卵形，基部约1.5mm以下合生，腹面有浅囊状突起。种子栗褐色，表面有细乳头状突起。花期5—6月，果期6—7月。

分布与生境 见于余姚、北仑、鄞州、奉化、宁海、象山；生于山坡岩石上。产于杭州、舟山、金华及嵊州、遂昌、景宁、永嘉；分布于东北、华东及河南、陕西等地；朝鲜半岛及日本也有。模式标本采自宁波。

主要用途 株丛密集，花美丽，适作石景点缀或盆栽观赏。

176 垂盆草

学名 **Sedum sarmentosum** Bunge　　属名 景天属

形态特征　多年生肉质草本。不育茎匍匐，节上生不定根；花茎直立。叶 3 枚轮生；叶片倒披针形至长圆形，15～25mm×3～5mm，先端尖，基部渐狭，有短距。聚伞花序顶生，有 3～5 分枝；花稀疏，无梗；萼片 5，不等长，先端钝；花瓣 5，黄色，披针形至长圆形；雄蕊 10，较花瓣短。种子表面有乳头状突起。花期 5—6 月，果期 7—8 月。

分布与生境　见于除市区外全市各地；生于山坡岩石上；市区有栽培。全省各地常见；分布于长江中、下游流域及东北；泰国、日本及朝鲜半岛也有。

主要用途　全草药用，具清热解毒之功效；可作地被或盆栽观赏；嫩茎叶可食。

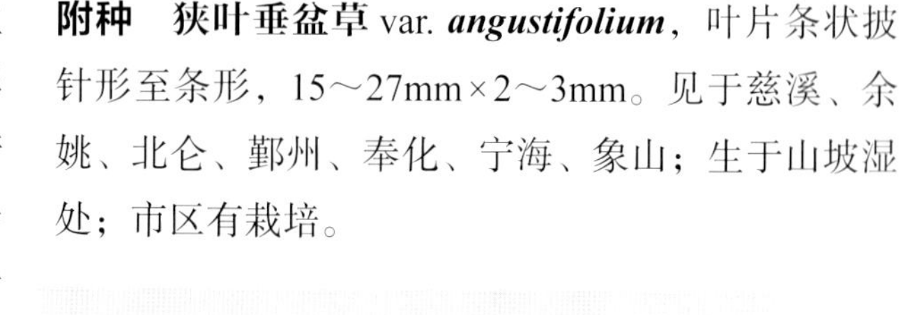

附种　**狭叶垂盆草** var. ***angustifolium***，叶片条状披针形至条形，15～27mm×2～3mm。见于慈溪、余姚、北仑、鄞州、奉化、宁海、象山；生于山坡湿处；市区有栽培。

狭叶垂盆草

177 四芒景天

学名 **Sedum tetractinum** Fröd.　　属名 景天属

形态特征　一年生肉质草本，高 10～15cm。全株有时具白色糠秕状突起；茎直立或平卧，上部分枝。叶互生；叶片匙形或匙状倒卵形，长 10～25mm，先端圆钝，基部渐狭成柄，边缘有微乳头状突起。蝎尾状聚伞花序，有花序梗；苞片大形，叶状；萼片 5，披针形或狭长圆形；花瓣 5，黄色，狭披针形；雄蕊 10，较花瓣短。蓇葖果熟时略叉开。种子表面有微乳头状突起。花果期 7—8 月。

分布与生境　见于北仑、奉化；生于山坡、林下及溪边阴湿处。产于淳安、开化、泰顺；分布于安徽、江西、贵州、广东。

主要用途　可盆栽观赏；嫩茎叶可食；全草入药，具清热凉血、补虚之功效。

二十三 虎耳草科 Saxifragaceae*

178 大果落新妇

学名 **Astilbe macrocarpa** Knoll　　属名 落新妇属

形态特征 多年生草本，高0.5～1.2m。根状茎粗短，与茎基部均密被棕褐色长毛及鳞片。基生叶二或三回三出复叶；小叶片椭圆状卵形或卵状长圆形，13～16cm×5.5～8.5cm，顶生小叶片先端渐尖，边缘有重锯齿，基部偏斜状心形至偏斜状圆形，两面和边缘均具腺毛。圆锥花序长达40cm，宽达28cm，花序梗被褐色短腺毛；花疏生，小型；花萼先端钝，外面被腺毛，宿存；退化花瓣2～5，条形，或无花瓣。蓇葖果长可达6mm。花期5—6月，果期7—9月。

分布与生境 见于余姚、鄞州、奉化、宁海、象山；生于沟谷灌丛和草丛中。产于德清、临安、天台、龙泉、景宁等地；分布于安徽、福建、湖南等省。模式标本采自宁波。

主要用途 嫩叶可食。

附种 大落新妇 *A. grandis*，花序长15～33cm，宽不超过12cm，花序梗被褐色柔毛和腺毛；花较密集，具正常花瓣5，白色或紫红色；花萼5深裂，外面无毛。见于余姚、北仑、鄞州、奉化；生于林下、灌丛中或沟谷阴湿处。

* 宁波有13属29种2变种2品种，其中栽培3种2品种。本图鉴收录13属25种2变种2品种，其中栽培1种2品种。

大落新妇

179 人心药 草绣球

学名 **Cardiandra moellendorffii** (Hance) Migo　　属名 草绣球属

形态特征 多年生草本，高 0.3～1m。具横卧的地下茎。茎不分枝，幼时有基部呈球状的短伏毛。叶互生；叶片纸质，椭圆形、长圆状椭圆形至倒卵状匙形，5～18cm×3～8cm，先端急尖或镰形渐尖，基部渐狭下延成具狭翅的短柄，边缘有粗大锯齿，上面疏被伏毛，下面有稀疏柔毛；茎上部叶常近对生，叶片基部钝而无柄。圆锥状伞房花序顶生；花疏散，放射花具 2(3) 枚大型的白色萼片，有网脉；孕性花小，花瓣白色至淡紫色。蒴果顶端孔裂。花期 7—8 月，果期 9—10 月。

分布与生境 见于余姚、北仑、奉化、宁海；生于山坡林下及溪谷阴湿处。产于杭州、丽水、开化、天台等地；分布于华东；琉球群岛也有。

主要用途 根状茎药用，可治跌打损伤。

180 肾萼金腰

学名 **Chrysosplenium delavayi** Franch.　属名 金腰属

形态特征　多年生肉质草本，高4.5～13cm。茎生叶对生；叶片宽卵形或近圆形，2.2～15mm×3～16mm，先端钝，边缘具7～12圆齿（齿不甚明显，先端具1褐色乳头状突起），基部宽楔形，上面无毛，常密生白色斑块，下面疏生褐色乳头状突起；叶柄长3～7mm，叶腋具褐色柔毛和乳头状突起。单花，或聚伞花序具2～5花，花序分枝无毛；苞叶通常宽卵形，先端钝，边缘具6～9圆齿，上面无毛，偶尔疏生褐色乳头状突起，下面疏生褐色乳头状突起；花黄绿色。蒴果顶端近平截而微凹，2瓣裂近等大，成熟时近水平状叉开。种子具13～15纵棱，棱上有横纹。花果期3—6月。

分布与生境　见于余姚、奉化；生于林下、灌丛或山谷石隙。产于杭州及诸暨、衢江、莲都、泰顺等地；分布于华东、华中、西南及广东、广西等地；缅甸也有。

181 柔毛金腰

学名 **Chrysosplenium pilosum** Maxim. var. **valdepilosum** Ohwi　　**属名** 金腰属

形态特征　多年生肉质草本，高4～16cm。具匍匐的不育茎；茎直立或斜上，密被脱落性锈色长柔毛。基生叶花期枯萎；茎生叶对生，1～3对；叶片近扇形，3～10mm×3～14mm，基部楔形，边缘与苞叶均具明显的浅钝齿，上面无毛，下面和近边缘处具锈色柔毛；叶柄密被毛；不育茎顶端叶较大，密集成莲座状，两面近边缘有稀疏短柔毛，基部楔形，边缘有钝齿。聚伞花序顶生，紧密；苞片长圆形或楔形，长6～14mm，边缘具钝齿；花直径约4mm；萼片4，淡黄色。蒴果2裂，瓣裂不等大，水平状叉开。种子具浅纵沟和17纵棱，棱上具微乳头状突起。花期4—5月，果期6—7月。

分布与生境　见于余姚、北仑、鄞州、奉化、宁海、象山；生于林下阴湿处或山谷石隙中。产于安吉、临安、淳安、天台、遂昌、景宁；分布于东北、西北及安徽、湖北、四川、河北、山西等地；朝鲜半岛也有。

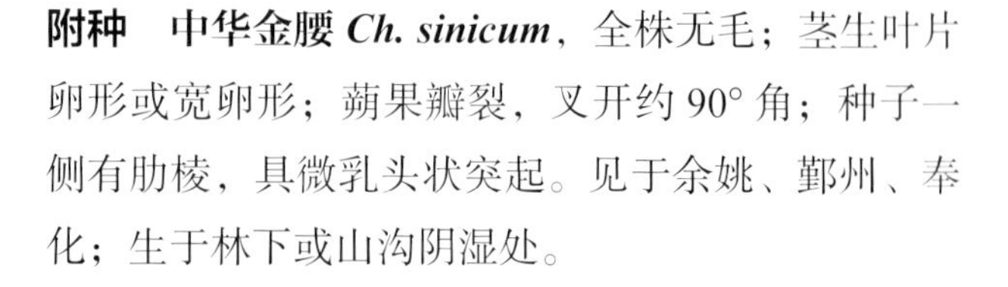

附种　**中华金腰** ***Ch. sinicum***，全株无毛；茎生叶片卵形或宽卵形；蒴果瓣裂，叉开约90°角；种子一侧有肋棱，具微乳头状突起。见于余姚、鄞州、奉化；生于林下或山沟阴湿处。

中华金腰

182 宁波溲疏

学名 **Deutzia ningpoensis** Rehd.　**属名** 溲疏属

形态特征 落叶灌木，高达3.5m。树皮薄片状剥落。老枝灰褐色，中空，小枝红褐色；小枝、叶柄及花序均疏被星状毛。叶片厚纸质，卵状长圆形或卵状披针形，3～9cm×1.5～3cm，先端渐尖，基部圆形或宽楔形，边缘具疏离锯齿或近全缘，上面绿色，疏被具4～6条辐射线的星状毛，下面灰白色，密被具12～14条辐射线的星状毛；叶柄长1～2mm。圆锥花序狭塔形，多花；花瓣白色；花丝顶端具极短2齿。蒴果半球形，直径3～4.5(6)mm，密被星状毛。花期5—7月，果期6—9月。

分布与生境 见于除市区外全市各地；生于山谷或山坡林中。产于全省山区、半山区；分布于华东及湖北、山西等地。模式标本采自宁波。

主要用途 为优良观赏树种；根、叶药用，具退热利尿、杀虫等功效。

附种1 黄山溲疏 ***D. glauca***，小枝灰褐色；小枝、叶柄、花序均无毛；叶片下面灰绿色，微被白粉，几无毛或疏被具8～16条辐射线的星状毛，叶柄长4～11mm；蒴果直径6～9mm。见于余姚、鄞州；生于海拔500m以上的沟边灌丛中及林缘。

附种2 浙江溲疏（天台溲疏）***D. faberi***，叶片卵状长圆形，4～8cm×2～4cm，两面均绿色，星状毛有3～4条辐射线，上部叶无柄；花丝顶端无齿；蒴果直径2.5～3.5mm。见于慈溪、余姚、镇海、北仑、鄞州、奉化、宁海、象山；生于山坡灌丛中。

附种3 长江溲疏（毛叶溲疏）***D. schneideriana***，圆锥花序宽塔形；内轮花丝2齿合生呈舌状；叶背中脉星状毛中央有直立的单毛状辐射线。见于奉化、宁海；生于山坡林缘。

附种4 紫花重瓣溲疏 ***D. scabra* 'Plena'**，叶片两面绿色；花重瓣，外层外侧淡紫色，密生白色斑点。镇海有栽培。

黄山溲疏

浙江溲疏

长江溲疏

紫花重瓣溲疏

183 中国绣球

学名 **Hydrangea chinensis** Maxim.　　属名 绣球属

形态特征　落叶灌木，高1～1.5m。小枝灰黄色至红褐色，疏被脱落性粗伏毛。叶对生；叶片纸质，长圆形、狭椭圆形至狭倒卵形，4.5～7.5cm×1.8～2.3cm，先端渐尖，基部楔形，近全缘或近中部以上有稀疏小齿，两面无毛或仅脉上被毛；叶柄长0.4～1cm。伞形聚伞花序顶生，花序梗无，有5～6分枝，密被短柔毛；放射花缺或少数，萼片3或4，大型，白色，卵形至圆形；孕性花瓣白色或带绿色，倒卵状披针形，离生。蒴果卵球形，约3/4突出于萼筒之外，顶端孔裂。种子无翅，具网状脉纹。花期5—7月，果期8—10月。

分布与生境　见于余姚、镇海、北仑、鄞州、奉化、宁海、象山；生于山谷溪边林下，或山坡、山顶灌草丛中；慈溪有栽培。产于全省山区、半山区；分布于华东及湖南、广西等地；日本也有。

主要用途　花美丽，可供观赏。

附种1　**江西绣球** ***H. jiangxiensis***，花序第一级辐射枝通常三出。见于慈溪、余姚、北仑、鄞州、奉化、宁海、象山；生于山谷溪边疏林下。

附种2　**浙皖绣球** ***H. zhewanensis***，叶片椭圆形或菱状椭圆形，两面沿脉密被卷曲短柔毛，边缘具锐尖齿；花序梗短；放射花萼片淡蓝色，孕性花蓝色；蒴果约1/3突出于萼筒之外。见于余姚、北仑、鄞州、奉化、宁海；生于山谷溪边疏林下或山坡灌丛中。

江西绣球

浙皖绣球

184 绣球 八仙花

学名 **Hydrangea macrophylla** (Thunb.) Ser. 属名 绣球属

形态特征 落叶灌木，高1～2m。小枝粗壮，无毛，有明显的皮孔和大型叶迹。叶对生；叶片近肉质，倒卵形、宽椭圆形或椭圆形，8～20cm×4～10cm，先端短渐尖，基部宽楔形，边缘于基部以上具三角形粗齿，上面鲜绿色，有光泽，下面淡绿色，无毛或稍被微毛；叶柄粗壮，无毛。伞房花序顶生，球形，直径可达20cm；花序梗疏被短柔毛；花密集，多数不育；放射花萼片4，粉红色、淡蓝色或白色；孕性花极少数，具2～4mm长的花梗，花瓣长圆形。花期6—8月。

地理分布 原产于华中。全市各地均有栽培。

主要用途 花大美丽，为著名观赏植物；也可药用，具清热抗疟之功效。

附种 **银边绣球 'Maculata'**，叶片边缘银白色。全市各地均有栽培。

银边绣球

185 圆锥绣球

学名 **Hydrangea paniculata** Sieb. 属名 绣球属

形态特征 落叶灌木或小乔木，高 1～5m。小枝紫褐色，略呈方形，粗壮，有稀疏细毛。叶对生，在上方常 3 叶轮生；叶片纸质，卵形、椭圆形或狭椭圆形，5～10cm×3～5cm，先端渐尖，基部圆形或楔形，边缘有内弯的细密锯齿，上面无毛或疏被柔毛，下面脉上有长柔毛，脉腋具簇毛；叶柄长 0.8～2cm。聚伞状圆锥花序顶生；花序梗、花梗均被毛；放射花多数，萼片白色，后带紫色，通常 4，不等大；孕性花芳香，萼筒陀螺状，花瓣 5，白色，离生，早落。蒴果近卵球形，有棱角，约有一半突出于萼筒之外。花期 6—10 月，果期 8—11 月。

分布与生境 见于余姚、北仑、宁海、象山；生于山谷、山坡疏林下或山脊灌丛中。产于全省山区；分布于华东、华中、西南及广东、广西、甘肃等地；日本、俄罗斯也有。

主要用途 根药用，具有清热抗疟等功效；花洁白芳香，可栽培供观赏。

腊莲绣球 粗枝绣球

学名 **Hydrangea robusta** Hook. f. et Thoms. 属名 绣球属

形态特征 落叶灌木，高1～2.5m。树皮片状剥落。小枝灰褐色；小枝、叶柄、花序均密被粗伏毛。叶对生；叶片纸质，卵状长圆形、卵状披针形或长圆状披针形，7～23cm×3～13cm，先端渐尖，基部楔形或圆形，边缘有细锯齿，上面疏生伏毛或近无毛，下面灰绿色，被粗伏毛或脉上被毛；叶柄长1.5～3.5cm。伞房状聚伞花序；放射花萼片白色或带淡红色，通常4；孕性花萼筒疏被粗伏毛，萼裂片短三角形，花瓣粉蓝色或蓝紫色，稀白色，扩展或连合成冠盖。蒴果半球形，顶端平截，有纵棱。花期6—8月，果期9—11月。

分布与生境 见于北仑、鄞州、宁海；生于林下、溪沟边或山坡灌丛中。产于全省山区；分布于华东、华中、西南及广东、广西、陕西等地；日本、越南也有。

主要用途 根、叶药用，具清热解毒等功效；也可栽培供观赏。

矩形叶鼠刺 峨眉鼠刺

学名 **Itea omeiensis** Schneid. 属名 鼠刺属

形态特征 常绿灌木或小乔木状，高1～3m。小枝紫褐色，无毛或幼时被微柔毛。叶互生；叶片薄革质，长圆形，7～13cm×3～5.5cm，先端急尖或渐尖，基部楔形至圆形，边缘具细密锯齿，两面无毛；叶柄长1～1.7cm。总状花序腋生；花瓣白色，披针形，长约3mm。蒴果深褐色，狭圆锥形，顶端有喙，2瓣裂。花期4—6月，果期6—11月。

分布与生境 见于余姚、奉化、宁海；生于山坡林下、溪谷灌丛及岩石旁。产于杭州、温州、金华、台州、丽水及开化（全省山地广布）；分布于华东、华中、西南及广东、广西等地；印度也有。

主要用途 药用，根具滋补强壮等功效，花具止咳等功效。

188 扯根菜

学名 **Penthorum chinense** Pursh　　属名 扯根菜属

形态特征 多年生草本，高30～90cm。茎紫红色，无毛，不分枝或少分枝。叶互生；叶片披针形至狭披针形，5～10cm×1～1.5cm，先端渐尖或长渐尖，基部楔形，边缘有细锯齿，两面无毛，叶脉不明显；无柄或近无柄。聚伞花序顶生，3～10分枝，疏生短腺毛；花小形，直径约4mm；花萼黄绿色，5深裂，裂片三角形；花瓣缺；雄蕊10，稍伸出花萼外。蒴果红紫色，五角形。种子多数，红色。花期7—8月，果期9—10月。

分布与生境 见于鄞州；生于山坡下溪沟边或水田旁草丛中。产于杭州及长兴、临海、开化、永嘉、泰顺等地；分布于我国南北各地；东北亚、东南亚也有。

主要用途 全草药用，具消肿、利水、祛痰、行气等功效；嫩茎叶可作野菜。

189 浙江山梅花

学名 **Philadelphus zhejiangensis** S.M. Hwang 属名 山梅花属

形态特征 落叶灌木，高2～3m。树皮不剥落。小枝无毛，赤褐色；二年生小枝灰棕色或栗褐色。叶片长椭圆形或卵状椭圆形，3～8cm×2～6cm，先端渐尖，基部楔形，边缘具锯齿，上面暗绿色，被糙伏毛，下面无毛或仅叶脉及脉腋疏被白色长柔毛，具三出脉。总状花序疏散，有花5～7(9)朵；花直径2～3cm；花瓣白色；花盘边缘和花柱疏被白色长柔毛或无毛；花柱先端分裂至中部，柱头棒形。蒴果椭球形，花萼宿存。花期5—6(7)月，果期6—7月。

分布与生境 见于余姚、北仑、鄞州、奉化、宁海、象山；生于山地溪沟边及阔叶林中。产于杭州、金华、衢州、台州、丽水及安吉、乐清等地；分布于华东。模式标本采自宁波。

主要用途 花洁白美丽，可供绿化观赏。

190 冠盖藤

学名 **Pileostegia viburnoides** Hook. f. et Thoms.　　属名 冠盖藤属

形态特征　常绿木质藤本。茎常具气生根；小枝灰褐色，无毛。叶对生；叶片薄革质，椭圆状倒披针形或长椭圆形，10～18cm×3～7cm，先端渐尖或急尖，基部楔形，全缘或中部以上具浅波状疏齿，稍背卷，上面绿色或暗绿色，具光泽，无毛，下面淡绿色，无毛或有极稀疏长柔毛，侧脉上面凹入或平坦，下面明显隆起。伞房状圆锥花序顶生；花瓣白色，上部连合成冠盖状，早落。蒴果陀螺状半球形，顶端近截形，具纵棱。花期7—8月，果期9—11月。

分布与生境　见于除慈溪及市区外全市各地；生于山谷林中。产于杭州、温州、台州、丽水及开化等地；分布于华东、华中、华南、西南；日本也有。

主要用途　根、茎、花、叶供药用，具活血、散淤之功效；攀援性强，枝叶浓绿，可用于垂直绿化。

191 华蔓茶藨子

学名 **Ribes fasciculatum** Sieb. et Zucc. var. **chinense** Maxim. 属名 茶藨子属

形态特征 落叶灌木，高1～2m。枝无刺，灰棕色；嫩枝、叶下面、叶柄及花梗均被密柔毛。叶片宽卵形，2.5～5cm×3.5～5.5cm，3～5裂，中裂片较侧裂片稍长，先端急尖，基部截形或浅心形，边缘具不整齐的粗钝锯齿。雌雄异株；雄花4～5簇生，有香气，花萼黄绿色，浅碟形，花瓣5，极小，半圆形，先端圆或平截，柱头微2裂；雌花2～4簇生。浆果红褐色，近球形。花期4—5月，果期5—9月。

分布与生境 见于慈溪、鄞州、奉化；生于山坡疏林或溪沟边灌丛中。产于杭州及普陀；分布于华东、华中及陕西、甘肃等地；日本及朝鲜半岛也有。

主要用途 果实可酿酒或制果酱。

附种 **绿花茶藨子 *R. viridiflorum***，总状花序，雄花序具8～20花，雌花序具6～18花；花绿白色。见于余姚；生于海拔800m以上的山坡林中、岩石堆或路边。

绿花茶藨子

192 虎耳草

学名 **Saxifraga stolonifera** Curtis　　属名 虎耳草属

形态特征　多年生肉质草本，高8～45cm。匍匐茎细长，分枝，红紫色，密被卷曲长腺毛。叶通常数片至10余片基生；叶片圆形或肾形，1.5～7cm×2.5～8.5cm，基部心形或截形，上面绿色，常具白色或淡绿色斑纹，下面红紫色或白色，两面被腺毛，边缘浅裂并具不规则浅牙齿；叶柄长达14cm，基部宽扁，与茎均有赤褐色伸展长柔毛。花序疏圆锥状；花不整齐；萼片花时反折；花瓣5，2长3短，白色，具黄色及紫红色斑点。蒴果顶端呈喙状，2深裂。种子具瘤状突起。花期4—8月，果期6—10月。

分布与生境　见于全市各地；生于山地阴湿处、溪边石缝及林下。产于杭州、温州、湖州、金华、台州及普陀、开化等地；分布于华东、华中、西南及广东、广西、山西、河北、陕西、甘肃等地；朝鲜半岛及日本也有。

主要用途　全草药用，具祛风清热、凉血解毒之功效；可供观赏。

193 秦榛钻地风

学名 **Schizophragma corylifolium** Chun　　属名 钻地风属

形态特征　落叶木质藤本。小枝灰褐色，有光泽，具纵裂条纹。叶对生；叶片纸质，近圆形或阔倒卵形，7～12cm×4.5～9cm，先端渐尖或镰形，基部浅心形或近圆形，边缘近中部以上有锯状粗齿，上面深绿色，仅沿脉疏生粗毛，下面灰绿色，沿脉密被长柔毛，叶脉上面凹入，下面隆起。伞房状聚伞花序顶生，直径 10～14cm；花序梗及花梗密生白色粗毛；花二型，放射花萼片白色，孕性花小，萼筒具纵棱，花瓣初时绿色。蒴果倒圆锥形，具纵棱。花期 5—6 月，果期 7—9 月。

分布与生境　见于余姚、北仑、鄞州、奉化、宁海、象山；生于山谷溪边岩石上或灌丛中。产于安吉、临安、普陀；分布于安徽、江西、湖南、广东、四川等省。

附种 1　**钻地风 *S. integrifolium***，叶片全缘或上部具稀少疏离小齿，下面无毛，有时沿脉被疏短柔毛，脉腋间常具簇毛。花序直径可达 23cm。见于余姚、鄞州、奉化、宁海、象山；生于山谷、山坡密林或疏林中，常攀援于岩石或乔木上。

附种 2　**柔毛钻地风 *S. molle***，叶疏生具角质尖头的小齿或近全缘，下面密被皱曲柔毛。见于鄞州、宁海、象山；生于沟谷岩石或树上。

钻地风

柔毛钻地风

194 黄水枝

学名 **Tiarella polyphylla** D. Don　　属名 黄水枝属

形态特征　多年生草本，高 15～70cm。根状茎斜升或横走。茎不分枝，密被白色伸展的长柔毛及腺毛。基生叶片心形，2～8cm×2.5～10cm，先端急尖，基部心形，掌状 3～5 浅裂，边缘具不规则浅齿，两面密被腺毛，叶柄长 2～12cm，基部扩大呈鞘状，密被腺毛；茎生叶通常 2 或 3，与基生叶同型，叶柄较短。总状花序顶生或腋生，疏散，密被腺毛；花瓣白色或淡红色，披针形，或缺。蒴果裂片不等长，顶端具尾状细尖。花期 4—5 月，果期 (4)5—7 月。

分布与生境　见于余姚、北仑、宁海；生于沟谷溪旁及林下、岩隙等阴湿地。产于丽水及临安、淳安、天台等地；分布于华东、华中、西南及广东、广西、甘肃、陕西等地；南亚及日本、缅甸也有。

主要用途　全草药用，具清热解毒、消肿止痛之功效；可供观赏。

二十四　海桐花科 Pittosporaceae*

195 海金子 崖花海桐

学名 **Pittosporum illicioides** Makino　**属名** 海桐花属

形态特征　常绿灌木，高1～4m。枝、叶、花序均无毛；枝有皮孔，上部枝条有时近轮生。叶互生，常3～8簇生于枝端呈假轮生状；叶片薄革质，倒卵状披针形或倒披针形，5～10cm×2.5～4.5cm，先端渐尖，基部窄楔形，常下延，边缘平展或微波状，上面深绿色，干后仍有光泽，下面浅绿色；叶柄长0.5～1cm。伞形花序生于新枝顶端，具1～10花，花梗长1.5～3.5cm，纤细，绿色，常下弯；花瓣5，淡黄色，基部连合，长匙形。蒴果近球形，有3纵沟，直径9～12mm，3瓣裂，无果颈。种子红色。花期4—5月，果期6—10月。

分布与生境　见于慈溪、余姚、北仑、鄞州、奉化、宁海、象山；生于山谷溪边、林下岩石旁及山坡杂木林中。产于全省山区、丘陵；分布于华东、华中、西南；日本也有。

主要用途　药用，根主治毒蛇咬伤、接骨消肿，叶主治疔疮疖痈；茎皮纤维可造纸；叶色浓绿，种子红色，可供观赏。

附种　短梗海金子 *P. brachypodum*，果序生于去年生枝顶，果梗粗短挺直，长不及1cm，灰褐色，果实基部具明显果颈。见于宁海；生于海拔约400m的山坡路边灌丛中。为本次调查发现的植物新种。

短梗海金子

* 宁波有1属3种1品种，其中栽培1品种。本图鉴全部予以收录。

196 海桐

学名 **Pittosporum tobira** (Thunb.) Ait.　**属名** 海桐花属

形态特征 常绿灌木或小乔木，高 1.5～6m。嫩枝有皮孔。嫩枝、幼叶、花序被褐色柔毛。叶聚生枝端呈假轮生状；叶片革质，倒卵形或倒卵状披针形，4～9cm×1.5～4cm，先端圆钝或微凹，基部窄楔形，下延，全缘，干后反卷，上面亮绿色，干后无光泽，下面浅绿色。伞形或伞房状伞形花序顶生或近顶生；花瓣 5，离生，白色，后变黄色，芳香。蒴果圆球形，有 3 棱，被黄褐色柔毛，3 瓣裂，果瓣木质。种子多数，假种皮红色。花期 4—6 月，果期 9—12 月。

分布与生境 见于慈溪、镇海、北仑、象山；生于岩质海岸岩缝中、面海山坡林下或林缘；全市各地普遍栽培。产于舟山、台州、温州沿海各县（市、区）；分布于长江以南滨海各地；日本及朝鲜半岛也有。

主要用途 供绿化观赏；根、叶和种子药用，具祛风活络、散淤止痛等功效。

附种 **花叶海桐 'Variegata'**，叶片边缘具宽窄不一的黄白色斑圈。宁波市区有栽培。

花叶海桐

二十五　金缕梅科 Hamamelidaceae*

197 细柄蕈树

学名 **Altingia gracilipes** Hemsl.　　属名 蕈树属

形态特征　常绿乔木，高达15m。树皮灰色，片状剥落；嫩枝暗褐色，有灰褐色柔毛；芽宽卵球形，有多数紫褐色鳞片。叶片革质，卵形或卵状披针形，3.5～7cm×1.5～3cm，先端尾状渐尖，基部宽楔形或近圆形，具细小钝齿或近全缘，上面深绿色，下面灰绿色，两面无毛，侧脉5或6对；叶柄长1.5～3cm，纤细，无毛。头状花序倒圆锥形，生于枝顶叶腋；雌花序具5或6花。蒴果。花期6—7月，果期7—10月。

地理分布　原产于丽水及平阳、泰顺；分布于福建、广东、海南。镇海、江北、鄞州有栽培。

主要用途　树干通直，枝叶浓密，可供绿化观赏；树脂含有芳香性挥发油，可供药用及香料用。

* 宁波有8属14种2变种，其中栽培4种1变种。本图鉴收录8属13种2变种，其中栽培3种1变种。

198 腺蜡瓣花

学名 **Corylopsis glandulifera** Hemsl.　　属名 蜡瓣花属

形态特征　落叶灌木或小乔木状，高达2～5m。树皮灰褐色；嫩枝、芽、叶片上面、花序、花萼、子房及蒴果均秃净无毛。叶片倒卵形，5～8cm×3.5～5.5cm，先端急尖，基部斜心形或近圆形，上面绿色，下面淡绿色，有星状柔毛，或仅脉上有长毛，边缘上半部有锯齿，齿尖刺毛状，侧脉6～8对；叶柄有短柔毛；托叶窄矩圆形。总状花序生于侧枝顶端；花先叶开放，芳香；花瓣黄色，蜡质；花柱长6～7mm。蒴果长6～8mm。种子亮黑色。花期4月，果期5—8月。

分布与生境　见于余姚、北仑、鄞州、奉化、宁海；生于山坡灌丛、林缘及溪边。产于金华及临安、云和、龙泉、文成等地；分布于安徽、江西。

主要用途　秋色叶树种，花期早，花色艳丽，馥郁芬芳，枝叶扶疏，可供绿化观赏。

附种1　灰白蜡瓣花 var. ***hypoglauca***，叶片近圆形，下面灰白色，秃净无毛。见于余姚、北仑、鄞州、宁海；生境同“腺蜡瓣花”。

附种2　蜡瓣花 *C. sinensis*，嫩枝、芽、花序、花萼、子房及蒴果均被褐色柔毛；花柱极短，长不及1mm。见于余姚、鄞州；生境同“腺蜡瓣花”。

灰白蜡瓣花

蜡瓣花

199 小叶蚊母树

学名 **Distylium buxifolium** (Hance) Merr. 属名 蚊母树属

形态特征 常绿灌木，高1～2m。嫩枝秃净或略有柔毛，纤细，节间稍伸长，长1～2.5cm；老枝无毛，有皮孔；芽有褐色柔毛。叶片薄革质，倒披针形或长圆状倒披针形，3～5cm×1～1.5cm，先端锐尖，有小突尖，基部狭窄下延，上面绿色，下面秃净无毛，侧脉4～6对，网脉在两面均不显著，全缘或仅在先端两侧各具1个小齿突；叶柄极短，长不及1mm，无毛。穗状花序腋生；花紫红色。蒴果卵球形，有褐色星状绒毛，先端尖锐，花柱宿存。种子亮褐色。花期3—4月，果期8—10月。

地理分布 原产于丽水、温州及衢江；分布于华中及四川、福建、广东、广西等地。全市各地均有栽培。

主要用途 叶形小巧，枝叶浓绿，花密集鲜艳，可作盆景及绿化观赏。

200 台湾蚊母树

学名 **Distylium gracile** Nakai　**属名** 蚊母树属

形态特征　常绿小乔木，高达10m。树皮灰褐色；嫩枝被脱落性褐色星状柔毛；裸芽、叶柄、蒴果均被褐色星状绒毛。叶互生；叶片革质，宽椭圆形，2～3.5cm×1.5～2.5cm，长不及宽的2倍，先端钝或微尖，具小突尖，基部宽楔形，全缘或近先端每侧具1或2小齿突，上面深绿色，有光泽，下面淡绿色，两面无毛，侧脉3或4对；叶柄长2～4mm。总状花序腋生；花瓣缺，花药紫红色。蒴果卵球形，长约1cm，熟时2瓣裂，每瓣再2浅裂。花期3—4月，果期7—9月。

分布与生境　见于鄞州、象山；生于低海拔的山坡或山脊阔叶林中；慈溪等地有栽培。产于普陀、温岭、平阳；分布于台湾。

主要用途　叶色浓绿，枝叶繁茂，树形优美，可供园林观赏；材质坚硬，可做器具、工艺品等。

201 蚊母树

学名 **Distylium racemosum** Sieb. et Zucc. 属名 蚊母树属

形态特征 常绿灌木或小乔木。树皮暗褐色；嫩枝、裸芽、叶柄、总苞、花萼均被鳞垢。叶片革质，椭圆形或倒卵状椭圆形，3～7cm×1.5～3.5cm，长不及宽的2倍，先端钝或略尖，基部宽楔形，全缘，上面绿色，下面淡绿色，两面无毛，侧脉5或6对；叶柄长5～10mm。总状花序长约2cm，花序轴无毛；萼筒短，萼齿大小不等。蒴果卵球形，长1～1.2cm，被星状毛，熟时2瓣裂，每瓣再2浅裂。花期3—4月，果期7—9月。

地理分布 原产于福建、海南、台湾；朝鲜半岛及日本也有。全市各地均有栽培。

主要用途 枝叶浓绿，供绿化观赏。

附种 **杨梅叶蚊母树 *D. myricoides***，叶片长圆形或倒卵状披针形，5～9cm×2～4cm，长超过宽的2倍，先端锐尖，基部楔形，边缘上半部有数个齿突。见于北仑、鄞州、奉化、宁海、象山；生于山坡、沟谷林中。

杨梅叶蚊母树

202 牛鼻栓

学名 **Fortunearia sinensis** Rehd. et Wils.　　属名 牛鼻栓属

形态特征　落叶灌木或小乔木，高3～7m。嫩枝被脱落性黄褐色星状柔毛；芽裸露，芽、叶背叶脉、叶柄、花序均被星状毛。叶片膜质，倒卵形或倒卵状椭圆形，7～15cm×6～7cm，先端锐尖，基部圆形或宽楔形，边缘具波状齿，齿端有突尖，上面深绿色，除中脉外秃净无毛，下面浅绿色，侧脉6～10对；叶柄长4～10mm。两性花的总状花序长4～8cm；花瓣狭披针形；雄蕊近无柄。蒴果有白色皮孔，熟时2瓣裂，每瓣再2浅裂。种子黑色，卵球形，种脐马鞍形。花期3—4月，果期9—10月。

分布与生境　见于慈溪、余姚、北仑、鄞州、奉化、宁海、象山；生于山坡、溪边灌丛中。产于杭州及吴兴、德清、天台等地；分布于华东、华中及四川、陕西。

203 金缕梅

学名 **Hamamelis mollis** Oliv.　　属名 金缕梅属

形态特征　落叶灌木或小乔木，高3～6m。树皮灰白色；嫩枝、裸芽、叶柄、花萼、蒴果均被黄褐色星状绒毛。叶片厚纸质，宽倒卵形，8～15cm×6～10cm，先端短急尖，基部偏心形，边缘具波状钝齿，上面粗糙，有稀疏星状毛，下面密被灰白色星状绒毛，侧脉6～8对，直达齿端；叶柄长6～10mm。花数朵组成腋生的头状或短穗状花序，先叶开放，有香气；花瓣4，带状，黄色，基部带红色。蒴果卵球形。种子亮黑色。花期2—3月，果期6—8月。

分布与生境　见于余姚、北仑、宁海；生于山坡、沟谷的灌丛中、疏林下或林缘。产于全省山区；分布于华中及安徽、江西、广西、四川等地。

主要用途　早春花瓣如缕，花色艳丽芬芳，可供插花及绿化观赏。

204 枫香

学名 **Liquidambar formosana** Hance　　属名 枫香树属

形态特征　落叶大乔木，高达 40m。树皮灰褐色；小枝具柔毛；顶芽栗褐色，有光泽。叶片纸质，宽卵形，掌状 3 裂，先端尾状渐尖，基部心形或平截，边缘有腺锯齿，上面绿色，无毛，下面淡绿色，有短柔毛或仅脉腋间有毛；叶柄长达 10cm；托叶条形，长 1～2cm，早落。雄性短穗状花序常多个排成总状，雄蕊多数，花丝不等长；雌性头状花序具 24～43 花，萼齿 4～7，针形。头状果序圆球形，直径 3～4cm；蒴果木质，有宿存花柱及长 4～8mm 的针刺状萼齿。种子褐色，多角形或有窄翅。花期 4—5 月，果期 7—10 月。

分布与生境　见于除市区外全市各地；多生于平地、村落附近及海拔 700m 以下的山坡林中；各地均有栽培。产于全省各地；分布于黄河以南各地。

主要用途　春秋叶色丰富多彩，可供绿化观赏；药用，果实具通经利尿、镇痛等功效；树脂具有解毒止痛、止血生肌等功效，也可作香料的定香剂；木材可制家具及建筑用材。

附种　**缺萼枫香 *L. acalycina***，小枝无毛；托叶长 3～10mm；头状花序仅具雌花 15～26 朵，果序直径 2.5cm，无或有极短的萼齿。见于余姚、奉化；生于海拔 600m 以上的山坡林中。

缺萼枫香

205 檵木

学名 **Loropetalum chinense** (R. Br.) Oliv.　　属名 檵木属

形态特征　常绿灌木，稀为小乔木。多分枝；侧枝2列平展；小枝、叶背、叶柄、蒴果均被黄褐色星状柔毛。叶片革质，卵形，2～5cm×1.5～2.5cm，先端锐尖或钝，基部宽楔形或近圆形，多少偏斜，全缘，上面粗糙，略有粗毛或秃净；叶柄长2～5mm。花3～8朵簇生；花瓣4，白色，带状，长1～2cm。蒴果卵球形，长约1cm；宿存萼筒长为蒴果的2/3。种子亮黑色。花期4—5月，果期6—8月。

分布与生境　见于除市区外全市各地；生于向阳的山坡林中及灌丛中。分布于我国中部、南部及西南。

主要用途　根、叶、花、果药用，具解热、止血、通经活络等功效；树桩体态苍老遒劲，常作盆景栽培；耐干旱瘠薄，可作边坡复绿及困难地绿化的先锋树种。

附种　红花檵木 var. ***rubrum***，嫩枝红褐色，叶片暗红色；花紫红色。原产于湖南、广西。全市各地普遍栽培。

红花檵木

206 银缕梅

学名 **Parrotia subaequalis** (H.T. Chang) R.M. Hao et H.T. Wei　　属名 银缕梅属

形态特征　落叶乔木，高达 8m，常呈灌木状。树干常扭曲，凹凸不平，树皮呈不规则薄片状剥落；常有大型坚硬虫瘿；裸芽被褐色绒毛。单叶互生；叶片纸质，宽倒卵形，4～6.5cm×2～4.5cm，先端钝，基部圆形、截形或微心形，边缘中部以上有钝锯齿，两面及叶柄均有星状毛，侧脉 4 或 5 对，最下一对基部裸露。头状花序腋生或顶生；花小，两性，先叶开放；无花瓣；雄蕊 5～15，具细长下垂花丝，花药黄绿色或紫红色。蒴果木质，卵球形，密被星状毛。种子纺锤形，深褐色，有光泽。花期 3 月，果期 9—10 月。

分布与生境　见于余姚、北仑、奉化；生于海拔 200m 以上的山顶、山脊线附近林中、沟谷岩缝中、溪旁。产于临安、安吉；分布于江苏、安徽。

主要用途　国家 I 级重点保护野生植物；树姿古朴，干形苍劲，入秋后叶色变化丰富，可作园林景观树或桩景；材质坚硬，纹理直，结构细，浅褐色，有光泽，可作工艺品等用材。

二十六　杜仲科 Eucommiaceae*

207 杜仲

学名 **Eucommia ulmoides** Oliv.　属名 杜仲属

形态特征　落叶乔木，高4～7m。树皮、叶片含杜仲橡胶，折断有白色细丝相连。嫩枝被脱落性黄褐色柔毛，老枝有明显的皮孔；芽体红褐色。叶互生；叶片椭圆状卵形，6～16cm×4～9cm，先端渐尖，基部近圆形或宽楔形，边缘有细锯齿，上面暗绿色，被脱落性褐色柔毛，下面淡绿色，初时有褐色毛，后仅沿叶脉有毛；叶柄上面有槽，散生长毛。花单性异株；雄花簇生，无花被，花梗长约3mm，苞片倒卵状匙形；雌花单生，花梗长约8mm，苞片倒卵形。小坚果扁平，具翅，先端2裂。种子扁平，条形。花期4月，果期9—10月。

地理分布　原产于余杭、临安、安吉；分布于黄河以南、五岭以北地区。全市各地均有栽培。

主要用途　树皮药用，为贵重药材，具补肝肾、强筋骨、降血压等功效；叶、树皮及果实含杜仲橡胶；木材供建筑及制家具。

* 宁波栽培1属1种。本图鉴予以收录。

二十七 悬铃木科 Platanaceae*

208 二球悬铃木 英国梧桐

学名 **Platanus × acerifolia** (Ait.) Willd. 属名 悬铃木属

形态特征 落叶大乔木，高可达35m。树皮灰绿色，呈大片块状剥落；幼枝密生灰黄色星状绒毛，老枝秃净，红褐色；无顶芽，侧芽卵形，包藏于膨大的叶柄基部。叶片宽卵形或宽三角状卵形，10～24cm×12～25cm，掌状3～5裂，基部截形或浅心形，两面幼时有灰黄色毛被，以后仅在下面脉腋内有毛，中央裂片宽三角形，宽与长约相等，裂片全缘或有1、2个粗大锯齿；叶柄长3～10cm，密生黄褐色毛；托叶长1～1.5cm，基部鞘状，上部开裂，早落。花通常4数；雄花萼片被毛，花瓣长为萼片的2倍。聚合果球形，常2个串生，稀1或3个，常下垂。小坚果具细长刺状宿存花柱，基部绒毛不突出于头状花序之外。花期4月，果期10—11月。

地理分布 为三球悬铃木 *P. orientalis* 和一球悬铃木 *P. occidentalis* 的杂交种。全市各地均有栽培。

主要用途 常作行道树。

* 宁波栽培1属1种。本图鉴予以收录。

二十八 蔷薇科 Rosaceae*

（一）绣线菊亚科 Spiraeoideae

209 白鹃梅

学名 **Exochorda racemosa** (Lindl.) Rehd. 属名 白鹃梅属

形态特征 落叶灌木，高2～4m。全体无毛。枝条细弱，开展；小枝微具棱，幼时红褐色，老时褐色。叶片椭圆形、长椭圆形至长圆状倒卵形，3.5～6.5cm×1.5～3.5cm，先端圆钝或急尖，稀有突尖头，基部楔形或宽楔形，全缘，稀中部以上有钝锯齿；叶柄短或近无柄；无托叶。总状花序有花6～10朵；花萼筒浅钟状，萼片黄绿色；花瓣倒卵形，白色，有短瓣柄；雄蕊15～20，3或4一束着生在花盘边缘，与花瓣对生；心皮5，花柱分离。蒴果倒圆锥形，具5棱脊。花期4—5月，果期6—8月。

分布与生境 见于除市区外全市各地；生于山坡、山岗灌丛、林缘、疏林下。产于杭州、绍兴、金华、台州等地；分布于华东及河南。

主要用途 花洁白，可供观赏；花蕾及嫩梢可作野菜。

---

* 宁波有32属104种2杂种19变种2变型1品种群18品种，其中栽培25种2杂种4变种2变型1品种群18品种。本图鉴收录30属92种2杂种16变种2变型1品种群12品种，其中栽培16种2杂种3变种2变型1品种群12品种。

210 宽瓣绣球绣线菊

学名 **Spiraea blumei** G. Don var. **latipetala** Hemsl. 属名 绣线菊属

形态特征 落叶灌木，高1～2m。小枝深红褐色或暗灰褐色，开张，稍弯曲，连同花梗、萼筒均具细短柔毛。叶片菱状卵形至倒卵形，2～3.5cm×1～1.8cm，先端圆钝或微尖，基部楔形，边缘近中部以上有少数圆钝缺刻状锯齿或3～5浅裂，两面无毛，伞形花序具10～25花，花序梗、花梗无毛；花直径5～8mm，花瓣白色，长、宽各4～5mm；雄蕊18～20，短于花瓣。蓇葖果较直立，宿存萼片直立。花期4—6月，果期8—10月。

分布与生境 见于北仑、鄞州；生于东北向山坡的岩石旁灌丛中。产于淳安、开化；分布于广东、广西。模式标本采自宁波。

主要用途 花朵繁茂、花色洁白，可供绿化观赏或插花。

211 中华绣线菊

学名 **Spiraea chinensis** Maxim.　　属名 绣线菊属

形态特征 落叶灌木，高 1.5～3m。小枝通常拱形弯曲，红褐色，幼时被黄色绒毛；叶片上面、叶柄、花序、果均被短柔毛。叶片菱状卵形至倒卵形，2.5～6cm×1.5～3cm，先端急尖或圆钝，基部宽楔形或圆形，边缘有缺刻状粗锐锯齿，或具不明显 3 裂，上面暗绿色，脉纹深陷，下面密被黄色绒毛，脉纹凸起。伞形花序生于上年生短枝顶端，具 16～25 花，具花序梗；花直径 3～4mm，花瓣近圆形，白色，长、宽各 2～3mm；雄蕊 22～25，花丝长于或稍短于花瓣。蓇葖果开张，宿存萼片直立，稀反折，花柱顶生。花期 4—6 月，果期 6—10 月。

分布与生境 见于除市区外全市各地；生于山坡灌丛、山谷溪边、田野路旁。产于全省山区；分布于华东、华中、华北、西南及广东、广西、甘肃、陕西等地。模式标本采自宁波。

主要用途 花朵繁茂、花色洁白，可供绿化观赏或插花。

附种 1 大花中华绣线菊 var. ***grandiflora***，花大，直径 8～10mm，花瓣长、宽各 4～5mm；雄蕊 22～30(40)；花期 5 月。见于象山；生于山坡路旁。

附种 2 疏毛绣线菊 *S. hirsuta*，叶片倒卵形或椭圆形，稀卵圆形，1.5～3.5cm×1～2cm，边缘自中部以上或先端具钝锯齿，两面具稀疏柔毛；雄蕊 18～20，花丝短于花瓣；蓇葖果稍开张，具稀疏短柔毛。见于余姚、鄞州、奉化、宁海、象山；生于山坡路旁。

大花中华绣线菊

疏毛绣线菊

212 粉花绣线菊 日本绣线菊

学名 **Spiraea japonica** Linn. f. 属名 绣线菊属

形态特征 落叶灌木，高达1.5m。枝条细长，开展，小枝近圆柱形，无毛或幼时被短柔毛。叶片卵形至卵状椭圆形，2～8cm×1～3cm，先端急尖至短渐尖，基部楔形，边缘有缺刻状重锯齿或单锯齿，上面暗绿色，无毛或沿叶脉微具短柔毛，下面色浅或有白霜，通常沿叶脉有短柔毛；叶柄具短柔毛。复伞房花序生于当年生的直立新枝顶端，花朵密集，直径4～7mm，密被短柔毛；花粉红色；雄蕊25～30，远较花瓣长。蓇葖果半开张，无毛或沿腹缝有稀疏柔毛；宿存萼片常直立。花期6—7月，果期8—9月。

分布与生境 见于余姚；生于山坡灌丛中；全市各地均有栽培。产于全省山区；日本及朝鲜半岛也有。

主要用途 花朵繁茂，花色粉红，可供绿化观赏或插花。

附种1 金焰绣线菊 'Gold Flame'，新叶鲜红色至金黄色，秋叶猩红色、淡红色或黄色。全市各地均有栽培。

附种2 金山绣线菊 'Gold Mound'，新叶金黄色。全市各地均有栽培。

金焰绣线菊

金山绣线菊

213 单瓣笑靥花 单瓣李叶绣线菊

学名 **Spiraea prunifolia** Sieb. et Zucc. var. **simpliciflora** Nakai 属名 绣线菊属

形态特征 落叶直立灌木，高达3m。小枝条细长，稍有棱角；幼枝、幼叶上面被脱落性短柔毛；叶背、叶柄、花梗、萼筒两面、子房均被短柔毛。叶片卵形至长圆状披针形，1.5～3cm×0.7～1.4cm，先端急尖，基部楔形，边缘有细锐单锯齿。伞形花序具3～6花，基部着生小型叶片数枚；无花序梗；花单瓣，白色，直径约6mm，花瓣宽倒卵形；雄蕊20，长为花瓣的1/2～1/3；花柱短于雄蕊。蓇葖果仅腹缝具柔毛，开张；宿存萼片直立。花期3—4月，果期4—7月。

分布与生境 见于慈溪、余姚、镇海、北仑、鄞州、奉化、宁海、象山；生于山坡、草地、溪边或岩石隙缝中；江北有栽培。产于金华及建德、开化、天台、龙泉；分布于华东、华中。

主要用途 花朵繁茂，花色洁白，可供观赏或插花。

214 野珠兰 华空木

学名 **Stephanandra chinensis** Hance　属名 小米空木属

形态特征　落叶灌木，高达1.5m。小枝细弱，圆柱形，红褐色，微具柔毛。叶片卵形至长椭圆状卵形，5～7cm×2～3cm，先端渐尖，稀尾尖，基部近心形、圆形，稀宽楔形，边缘常浅裂并有重锯齿，两面无毛，或下面沿脉微具柔毛，侧脉7～10对，斜出。圆锥花序顶生，松散，直径2～3cm；花序梗和花梗均无毛；花小，花瓣白色，长约2mm；雄蕊10，着生在萼筒边缘，长约为花瓣的1/2。蓇葖果近球形，直径约2mm，被稀疏柔毛，具宿存直立的萼片。花期5月，果期7—8月。

分布与生境　见于北仑、鄞州、奉化、宁海、象山；生于沟谷边、山坡路旁、溪边、林缘或灌木丛中。产于全省丘陵山地；分布于华东、华中及广东、四川。

（二）苹果亚科 Maloideae

215 东亚唐棣

学名 **Amelanchier asiatica** (Sieb. et Zucc.) Endl. ex Walp. 属名 唐棣属

形态特征 落叶乔木或灌木，高12m。枝开展；小枝细弱，微曲，幼时被脱落性灰白色绵毛，老时呈黑褐色，散生长圆形浅色皮孔。叶片卵形至长椭圆形，稀卵状披针形，4～6cm×2.5～3.5cm，先端急尖，基部圆形或近心形，边缘有细锐锯齿，齿尖微向内合拢，幼时下面密被脱落性绒毛；托叶条形，有睫毛，早落。总状花序下垂；花直径3～3.5cm；萼筒钟状，外面密被绒毛，萼片披针形，长为萼筒的2倍；花瓣白色，长圆状披针形或卵状披针形，先端急尖。果实蓝黑色；萼片宿存，反折。花期4—5月，果期8—9月。

分布与生境 见于余姚、北仑、鄞州、奉化、宁海；生于山坡、溪旁混交林中。产于安吉、临安、淳安、新昌、武义、天台、临海、遂昌、缙云、乐清等地；分布于安徽、江西、陕西；日本及朝鲜半岛也有。

主要用途 花色洁白，花朵繁茂，可供绿化观赏；树皮可入药，具益肾、散淤止痛之功效，但有小毒；果可食。

216 木瓜

学名 **Chaenomeles sinensis** (Thouin) Koehne　　**属名** 木瓜属

形态特征　落叶小乔木，高 5～10m。树皮呈片状脱落；枝无刺。小枝圆柱形，幼时紫红色；叶柄、托叶及萼片边缘具腺齿。叶片椭圆状卵形或椭圆状长圆形，稀倒卵形，5～8cm×3.5～5.5cm，先端急尖，基部宽楔形或圆形，边缘有刺芒状尖锐腺齿，幼时下面密被脱落性黄白色绒毛；托叶膜质，卵状披针形。花单生叶腋；萼筒钟状，萼片反折；花瓣倒卵形，淡粉红色；雄蕊多数，长不及花瓣之半；花柱 3～5，基部合生，被柔毛。果实椭球形或卵球形，暗黄色，长 10～15cm，木质，芳香，果皮干后不皱缩；果梗短。花期 4 月，果期 9—10 月。

地理分布　原产于华东及广东、广西、河北、湖北、陕西、贵州等地。慈溪、余姚、镇海、北仑、鄞州、奉化、宁海、象山及市区等地有栽培。

主要用途　花美丽，供观赏；果实味涩，水煮或浸渍糖液中供食用，药用具解酒、去痰、顺气、止痢等功效；木材坚硬。

217 贴梗海棠 皱皮木瓜

学名 **Chaenomeles speciosa** (Sweet) Nakai　　属名 木瓜属

形态特征 落叶灌木，高2m。枝条直立开展，有刺；小枝紫褐色或黑褐色，微屈曲，平滑，有稀疏皮孔。叶片卵形至椭圆形，稀长椭圆形，3～9cm×1.5～5cm，先端急尖，稀圆钝，基部楔形至宽楔形，边缘具尖锐锯齿，齿尖开展，无毛或在萌蘖上沿下面叶脉有短柔毛；托叶大，草质，肾形或半圆形，稀卵形，边缘有尖锐重锯齿。花先叶开放，3～5朵簇生于二年生老枝上；萼筒钟状，萼片直立，全缘或有波状齿；花瓣倒卵形或近圆形，有短瓣柄，猩红色，稀淡红色或白色；雄蕊长约为花瓣之半。果实卵球形或椭球形，黄色或黄绿色，有稀疏不明显斑点，直径4～6cm，芳香，果皮干后皱缩；萼片脱落。花期3—5月，果期9—10月。

地理分布 原产于西南及福建、江苏、广东、陕西、甘肃等地；缅甸也有。全市各地均有栽培。

主要用途 早春先花后叶，供观赏；枝密多刺，可作绿篱；果实干制后药用，具舒筋活络、消肿止痛等功效。

附种 **倭海棠**（日本木瓜）***Ch. japonica***，小枝粗糙，二年生枝有疣状突起；叶片倒卵形、匙形至宽卵形，3～5cm×2～3cm，先端圆钝，稀稍急尖，边缘有圆钝锯齿，齿尖向内合拢；托叶有圆齿；果实直径3～4cm，黄色。原产于日本。全市各地均有栽培。

倭海棠

218 野山楂

学名 **Crataegus cuneata** Sieb. et Zucc.　属名 山楂属

形态特征　落叶灌木，高达1.5m。分枝密，常具细刺；小枝细弱，圆柱形，有棱；当年生枝紫褐色，无毛；老枝灰褐色，散生长圆形皮孔。叶片宽倒卵形至倒卵状长圆形，2～6cm×1～4.5cm，先端急尖，基部楔形，下延至叶柄，边缘有不规则重锯齿，先端常3浅裂，稀5～7浅裂或不裂，上面无毛，有光泽，下面具稀疏柔毛，沿脉较密，后脱落；叶柄两侧有叶翼；托叶草质，镰刀状，边缘有齿。伞房花序具5～7花；花瓣白色，有瓣柄。果实近球形或扁球形，红色或黄色，常具宿存反折萼片或1苞片。花期5—6月，果期9—11月。

分布与生境　见于除市区外全市各地；生于山谷、山坡林缘、灌丛中。产于全省丘陵山地；分布于华东、华中及广东、广西、陕西、云南、贵州；日本也有。

主要用途　果实多肉，可供生食、酿酒或制果酱，药用具健胃、消积化滞等功效；嫩叶可制茶；花白果红，可供观赏。

219 湖北山楂

学名 **Crataegus hupehensis** Sarg.　　属名 山楂属

形态特征 落叶小乔木或灌木，高3～5m。茎干具棘刺；小枝圆柱形，无毛，紫褐色，疏生浅褐色皮孔；二年生枝灰褐色。叶片卵形至卵状长圆形，4～9cm×4～7cm，先端短渐尖，基部宽楔形或近圆形，边缘有圆钝锯齿，中部以上具2～4对浅裂片，裂片卵形，先端短渐尖，无毛或仅下部脉腋有髯毛；托叶草质，披针形或镰形，边缘具腺齿，早落。伞房花序具多数花；萼筒钟状，萼片全缘；花瓣卵形，白色。果实近球形，直径2.5cm，深红色，有斑点；萼片宿存，反折。花期4—6月，果期8—9月。

分布与生境 见于慈溪、余姚、镇海、北仑、鄞州、奉化、宁海、象山；生于山坡溪谷灌丛中。产于杭州、金华、台州及安吉、普陀等地；分布于华中及江苏、江西、四川、山西、陕西。

主要用途 果可食或作山楂糕及酿酒，药用具破气散淤、消积、化痰等功效。

220 枇杷

学名 **Eriobotrya japonica** (Thunb.) Lindl. 属名 枇杷属

形态特征 常绿小乔木，高达10m。小枝粗壮，连同叶背、叶柄、总花梗、花梗、苞片、萼筒外面、花瓣及子房顶端密生锈色或灰棕色绒毛。叶片革质，披针形、倒披针形、倒卵形或椭圆状长圆形，12～30cm×3～9cm，先端急尖或渐尖，基部楔形或渐狭成叶柄，上部边缘有疏锯齿，基部全缘，上面光亮，多皱，侧脉11～21对；叶柄短或几无柄。圆锥花序顶生，具多数花；花瓣白色，具瓣柄。果实球形、椭球形或倒卵球形，直径2～5cm，黄色或橘黄色，被脱落性锈色绒毛。种子大，褐色，光亮。花期12月至翌年1月，果期翌年5—6月。

地理分布 原产于湖北、重庆。全市各地均有栽培，以宁海、象山较为普遍；栽培品种较多，可分白沙枇杷和红种枇杷两大类，其中‘宁海白’枇杷为宁海自主育成的优质枇杷新品种。

主要用途 果味甘酸，供鲜食、制作蜜饯或酿酒；观赏果树；叶晒干去毛药用，具化痰止咳、和胃降气等功效；木材红棕色，可作木梳、手杖、农具柄等用。

221 湖北海棠

学名 **Malus hupehensis** (Pamp.) Rehd. 属名 苹果属

形态特征 落叶小乔木，高达8m。老枝紫色至紫褐色；小枝、叶片两面及叶柄嫩时疏被脱落性柔毛。叶片卵形至卵状椭圆形，3～8cm×1.8～3.6cm，先端急尖或渐尖，基部宽楔形，边缘有细锐锯齿，常呈紫红色；叶柄长1～3cm。伞房花序具4～6花，花梗长3～6cm，绿色，无毛或稍有长柔毛；花直径3.5～4cm；萼片三角状卵形，与被丝托等长或稍短，绿色带紫色，先端急尖至渐尖，外面无毛，内面有柔毛；花瓣5，粉白色或近白色，有短瓣柄；雄蕊20；花柱3(4)，基部有长绒毛。果实黄绿色稍带红晕，椭球形或近球形，直径约8mm；萼片脱落。花期4—5月，果期8—9月。

分布与生境 见于慈溪、余姚、镇海、北仑、鄞州、奉化、宁海、象山；生于山坡或山谷丛林中。产于全省山区；分布于华东、华中、西南及广东、山西、陕西、甘肃。

主要用途 花、果美丽，可供绿化观赏；可作为苹果砧木；嫩叶晒干作茶叶代用品，俗名花红茶；根及果药用，具活血、健胃等功效。

附种1 毛山荆子 ***M. baccata*** var. ***mandshurica***，叶片两面脉上及叶柄有柔毛；萼片卵状披针形或披针形，稍长于被丝托，绿色，外面边缘及内面被绒毛；雄蕊26～30；果实直径8～14mm。余姚、江北、奉化、宁海有栽培。

附种2 垂丝海棠 ***M. halliana***，叶片先端长渐尖，边缘具圆钝细锯齿；花梗、萼片均紫色；花梗细弱，下垂；萼片先端圆钝；花瓣5以上，粉红色；雄蕊20～25；花柱4或5；果实梨形或倒卵球形。全市各地均有栽培。

毛山荆子

垂丝海棠

222 西府海棠

学名 **Malus ×micromalus** Makino　　属名 苹果属

形态特征　落叶小乔木，常呈灌木状，高2.5～5m。枝直立性强；小枝紫红色或暗褐色，细弱，嫩时被脱落性短柔毛，具稀疏皮孔。叶片长椭圆形或椭圆形，5～10cm×2.5～5cm，先端急尖或渐尖，基部楔形，稀近圆形，边缘有尖锐锯齿，嫩叶被短柔毛，下面较密，老时脱落；叶柄长2～3.5cm；托叶早落。伞形总状花序具4～7花，集生于小枝顶端；花直径约4cm；花瓣粉红色，有短瓣柄；雄蕊约20。果实近球形，红色，直径1～1.5cm，萼洼、梗洼下陷；萼片多数脱落，少数宿存。花期4—5月，果期8—9月。

地理分布　全市各地均有栽培。品种较多。

主要用途　常见观赏树种；果味酸甜，可鲜食或加工；也可作苹果等砧木。

附种　**海棠花** ***M. spectabilis***，小枝粗壮；叶片先端短渐尖或圆钝，基部宽楔形或近圆形，边缘有紧贴细锯齿；叶柄长1.5～2cm；花蕾外面粉红色，花瓣白色；雄蕊20～25；果实黄色，直径约2cm，梗洼隆起，萼片宿存。余姚、鄞州、象山及市区有栽培。

海棠花

223 圆叶小石积

学名 **Osteomeles subrotunda** K. Koch　　属名 小石积属

形态特征　常绿匍匐灌木。幼枝密被脱落性灰白色长柔毛。奇数羽状复叶互生，长2～5cm，具小叶5～9对；小叶片革质，对生或近对生，密集重叠或稍疏离，长圆形或倒卵形，4～6mm×2～3mm，先端圆或微凹，基部近圆形，叶缘反卷，上面有光泽，散生长柔毛，中脉下陷，下面密被灰白色丝状长柔毛，全缘；小叶柄极短或近无。顶生伞房花序具3～7花；花白色，直径约1cm。果实近球形，直径4～6mm，熟时由紫红色转紫黑色，萼片宿存。花期5月，果期9—11月。

分布与生境　仅见于象山渔山列岛；多生于岩质海岸海蚀崖石壁、石缝上，偶见于山坡草丛中。产于临海；琉球群岛、日本小笠原群岛及菲律宾群岛也有。

主要用途　浙江省重点保护野生植物。叶小而密集，花色洁白，可作盆栽和地被观赏。

224 中华石楠

学名 **Photinia beauverdiana** Schneid.　属名 石楠属

形态特征　落叶小乔木，高 3～10m。小枝紫褐色，散生灰色皮孔；小枝、叶上面、花序均无毛。叶片薄纸质，长圆形、倒卵状长圆形或卵状披针形，5～10cm×2～4.5cm，先端突渐尖，基部圆形或楔形，边缘疏生腺齿，上面光亮，下面中脉疏生柔毛，侧脉 9～14 对，叶脉在上面微凹陷；叶柄长 5～10mm，微有柔毛。复伞房花序直径 5～7cm，花多数，花序梗和花梗无毛，密生疣点，花梗长 7～15mm；花瓣白色；雄蕊 20；花柱 (2)3，基部合生。果实卵球形，紫红色，无毛，微有疣点，萼片宿存。花期 5 月，果期 7—8 月。

分布与生境　见于余姚、北仑、奉化、宁海；生于山坡、沟谷林下、林缘及疏林中。产于全省山区、半山区；广布于秦岭以南的亚热带地区。

主要用途　花洁白，果红艳，适于栽培观赏；材用树种。

附种 1　**短叶中华石楠** var. ***brevifolia***，叶片较短，卵形、椭圆形至倒卵形，3～6cm×1.5～3.5cm，先端短尾状渐尖，基部圆形，侧脉 6～8 对，不显著；花柱 3，合生。见于余姚、鄞州、奉化、宁海；生于山坡阔叶林中或林缘。

附种 2　**厚叶中华石楠** var. ***notabilis***，叶片厚纸质，长圆状椭圆形，9～13cm×3.5～6cm，先端急尖，有小尖头，边缘疏生细锯齿，侧脉 9～12 对；花序直径 8～10cm，花梗长 1～1.8cm。见于宁海；生于海拔 700m 左右的阔叶林中。

短叶中华石楠

厚叶中华石楠

225 光叶石楠

学名 **Photinia glabra** (Thunb.) Maxim. 属名 石楠属

形态特征 常绿小乔木或灌木，高3～5m。叶片、叶柄、总花梗、花梗、萼筒及果均无毛。叶片革质，幼时及老时皆呈红色，倒卵状椭圆形或长圆状倒卵形，5～9cm×2～4cm，先端短渐尖，基部楔形，边缘疏生浅钝细锯齿，侧脉10～18对；叶柄长1～1.5cm，有1至数个腺体。复伞房花序顶生，直径5～10cm，花多数；花瓣白色，反卷，内面近基部有白色绒毛，具短瓣柄。果实红色，长约5mm。花期4—5月，果期9—10月。

分布与生境 见于慈溪、余姚、北仑、鄞州、奉化、宁海、象山；生于山坡、溪谷林中。产于全省各地；分布于华东、华中、西南及广东、广西；日本、泰国、缅甸也有。

主要用途 叶供药用，具解热、利尿、镇痛等功效；木材坚硬致密；种子可榨工业用油；篱垣及庭院绿化树种。

附种1 椤木石楠（贵州石楠、椤木）***Ph. bodinieri***，茎枝常具长刺；幼枝、总花梗、花梗、萼筒外面均有柔毛，花瓣无毛；新叶鲜红色，中脉初有贴生柔毛，后渐脱净；叶柄无腺体。全市各地均有栽培。

附种2 红叶石楠 *Ph.* × *fraseri*，新梢嫩叶鲜红色，尤以春季持续时间较长，夏季转绿，冬季略呈红褐色。全市各地普遍栽培，主要品种为‘红罗宾’（‘Red Robin’）。

椤木石楠

红叶石楠

226 小叶石楠

学名 **Photinia parvifolia** (Pritz.) Schneid. 属名 石楠属

形态特征 落叶灌木或小乔木，高3m。枝纤细，小枝黄褐色至黑褐色，初有疏柔毛，后无毛，散生黄色皮孔。叶片厚纸质，卵形、卵状椭圆形至菱状卵形，2～5.5cm×0.8～2.5cm，先端渐尖或尾尖，基部宽楔形或近圆形，边缘有具腺尖锐锯齿，上面光亮，初疏生柔毛，后无毛，下面无毛；叶柄长1～2mm。伞形花序生于侧枝顶端，具1～2(6)花，无花序梗，花梗细，长1～2.5(3.2)cm，无毛，有疣点；花直径约8mm，花瓣白色，内面基部疏生长柔毛。果实橘红色，直径约7mm，无毛；果梗直立或弧曲；萼片宿存，直立。花期4—5月，果期8—10月。

分布与生境 见于慈溪、余姚、北仑、鄞州、奉化、宁海、象山；生于低山丘陵林下、林缘及灌丛中。产于全省山区；分布于华东、华中及广东、广西、四川、贵州等地。

主要用途 根、枝、叶供药用，具有行血止血、止痛等功效；秋色叶树种，果色较鲜艳，可供绿化观赏。

附种1 垂丝石楠 *Ph. komarovii*，果梗纤细，长(2)3～5cm，下垂。见于余姚、北仑、鄞州、奉化、宁海；生于山坡、路边、疏林中及林缘。

附种2 伞花石楠 *Ph. subumbellata*，小枝无毛；叶背苍白色；花序具2～9花，花梗较粗短，直立；花较大，直径达15mm。见于余姚、北仑、鄞州、奉化、宁海、象山；生于山谷、路旁、林缘、林下或高山草地。

附种3 毛叶石楠 *Ph. villosa*，叶片倒卵形或长圆状倒卵形，3～8cm×2～4cm，边缘上半部密生尖锐锯齿，齿端上翘；小枝、叶片初有白色长柔毛，后渐脱落，仅叶背叶脉有柔毛；叶柄、花序梗、花梗、萼筒外面均被白色长柔毛；伞房花序具10～20花。见于余姚、北仑、象山；生于山坡灌丛中。

垂丝石楠

伞花石楠

毛叶石楠

227 石楠

学名 **Photinia serratifolia** (Desf.) Kalkman　　属名 石楠属

形态特征 常绿灌木或小乔木，高4～6(12)m。小枝粗壮。叶片革质，长椭圆形或倒卵状长椭圆形，9～22cm×3～6.5cm，先端尾尖，基部圆形或宽楔形，边缘疏生具腺细锯齿（萌枝之叶常具刺齿），近基部全缘，上面光亮，幼时中脉有绒毛，后两面皆无毛，中脉显著，侧脉25～30对；叶柄粗壮，幼时有绒毛，后无毛。复伞房花序顶生，直径10～16cm，花密集；花瓣白色。果实球形，红色，后成褐紫色，有1种子。花期4—5月，果期10月。

分布与生境 见于慈溪、余姚、镇海、北仑、鄞州、奉化、宁海、象山；生于丘陵山地的山坡、沟谷、岗地林中或林缘阔叶林中；各地均有栽培。产于全省各地；分布于我国亚热带地区；日本、印度尼西亚也有。

主要用途 新叶及脱落前老叶能呈现多种色彩，花色洁白，果红色，经冬不凋，可供绿化观赏；材质坚硬；叶和根供药用，为强壮剂、利尿剂，具镇静解热等功效。

228 火棘

学名 **Pyracantha fortuneana** (Maxim.) Li 属名 火棘属

形态特征 常绿灌木，高达3m。侧枝短，先端成刺状；嫩枝被锈色短柔毛；老枝暗褐色，无毛。叶片倒卵形或倒卵状长圆形，1.5～6cm×0.5～2cm，先端圆钝或微凹，有时具短尖头，基部楔形，下延连于叶柄，边缘有钝锯齿，齿尖向内弯，近基部全缘，两面皆无毛；叶柄短，无毛或嫩时有柔毛。花集成复伞房花序；总花梗、花梗、萼筒、萼片均近无毛；花瓣白色。果实近球形，橘红色或深红色。花期3—5月，果期8—11月。

地理分布 原产于华中、西南及福建、广西、陕西等地。全市各地均有栽培。

主要用途 分枝密集，白花繁茂，可作绿篱、地被、球体等栽培；果实磨粉可代食品。

附种1 **小丑火棘 'Harlequin'**，叶片有不规则的金黄色花纹，似小丑花脸，冬季叶片变红色。全市各地均有栽培。

附种2 **窄叶火棘 *P. angustifolia***，叶片狭长圆形至倒披针状长圆形，全缘，上面被脱落性灰色绒毛；叶背、叶柄、总花梗、花梗、萼筒、萼片均密被灰白色绒毛。慈溪、奉化有栽培。

小丑火棘

窄叶火棘

229 豆梨

学名 **Pyrus calleryana** Dcne. 属名 梨属

形态特征 落叶乔木，高5～8m。有枝刺；小枝粗壮，圆柱形，幼时被脱落性绒毛；二年生枝灰褐色。叶片宽卵形至卵状椭圆形，4～8cm×3.5～6cm，先端渐尖，稀短尖，基部圆形至宽楔形，边缘有圆钝锯齿或全缘，两面无毛；叶柄长2～4cm。伞房总状花序具6～12花，直径4～6cm；花梗长1.5～3cm；花瓣卵形，白色，具短瓣柄；花柱2(3)，基部无毛。梨果球形，直径0.8～1cm，黑褐色，有斑点，2(3)室；萼片脱落；果梗细长。花期4月，果期9—11月。

分布与生境 见于慈溪、余姚、镇海、北仑、鄞州、奉化、宁海、象山；生于山坡、平原或山谷林中。产于全省山区；分布于华东、华中及广东、广西；越南、日本也有。

主要用途 木材致密，可作器具；通常用作沙梨砧木；观花树种。

附种 麻梨 *P. serrulata*，叶缘锯齿细锐，齿尖常向内合拢；叶柄长3.5～7.5cm；花梗长3～5cm；花柱3或4；果直径1.5～2.2cm，3或4室，萼片部分宿存。见于余姚、奉化、宁海；生于海拔600m以上的山地林缘、灌丛或阔叶林中。

麻梨

230 沙梨

学名 **Pyrus pyrifolia** (Burm. f.) Nakai　　属名 梨属

形态特征　落叶小乔木。小枝、叶片嫩时具脱落性黄褐色长柔毛或绒毛。叶片卵状椭圆形或卵形，7～12cm×4～6.5cm，先端长渐尖，基部圆形或近心形，稀宽楔形，边缘有刺芒状锯齿，微向内合拢；叶柄长3～4.5cm。伞房总状花序，具6～9花，花梗长3.5～5cm；花直径5～7cm，花瓣白色；花柱(4)5。果实直径3～5cm或更大，形状、色泽因品种而异，有浅色斑点，先端微向下陷；萼片脱落。花期4月，果期7—9月。

地理分布　全市各地均有栽培。

主要用途　果实供鲜食或加工，栽培品种多，主要有‘黄花’‘新世纪’‘翠冠’‘雪梨’等；观花树种。

231 石斑木

学名 **Rhaphiolepis indica** (Linn.) Lindl.　　属名 石斑木属

形态特征 常绿灌木。幼枝被脱落性褐色绒毛。叶集生于枝端；叶片卵形或长圆形，4～8cm×1.5～4cm，先端圆钝或急尖，基部渐狭连于叶柄，边缘具细钝锯齿，上面光亮，平滑无毛，网脉不明显或明显下陷，下面灰白色，无毛或被稀疏绒毛，网脉明显。圆锥花序或总状花序顶生；花序梗和花梗被锈色绒毛；花瓣5，白色或淡红色。果实球形，紫黑色，直径约5mm。花期4月，果期7—8月。

分布与生境 见于除市区外全市各地；生于山坡、路边或溪边灌木林中。产于全省山区、半山区；分布于中亚热带以南各地；东南亚及日本也有。

主要用途 木材带红色，质重坚韧，可作器物；果实可食；根、叶药用，主治足踝关节陈伤作痛、跌打损伤；枝叶浓绿，花美丽，可供绿化观赏。

232 厚叶石斑木

学名 **Rhaphiolepis umbellata** (Thunb.) Makino 属名 石斑木属

形态特征 常绿灌木或小乔木。嫩枝、幼叶、花序被脱落性褐色柔毛。叶集生于枝端；叶片厚革质，长椭圆形、卵形或倒卵形，4～10cm×2～4cm，先端圆钝至稍锐尖，基部楔形，全缘或疏生钝锯齿，边缘稍向下反卷，上面深绿色，稍有光泽，下面淡绿色，网脉明显。圆锥花序顶生，直立；花白色。果实球形，黑紫色带白霜。花期5—6月，果期9—11月。

分布与生境 见于慈溪、镇海、北仑、象山；生于海拔20～80m的岩质海岸石缝中、滨海山坡及路旁岩石上；鄞州及市区等地有栽培。产于舟山、台州、温州沿海各县（市、区）及平湖；分布于福建、台湾；日本也有。

主要用途 枝叶茂密，花色洁白，适应性强，为优良绿化观赏及沿海防护树种；果熟可食。

233 水榆花楸

学名 **Sorbus alnifolia** (Sieb. et Zucc.) K. Koch **属名** 花楸属

形态特征 落叶乔木。小枝具灰白色皮孔；二年生枝暗红褐色；老枝暗灰褐色，无毛。叶片卵形至椭圆状卵形，5～10cm×3～6cm，先端短渐尖，基部宽楔形至圆形，边缘有不整齐的尖锐重锯齿，有时微浅裂，两面无毛或在下面脉上微具短柔毛，侧脉 6～10(14) 对，直达齿尖。复伞房花序疏松，具 6～25 花；花瓣白色。果实红色或黄色，萼片脱落后果实先端残留圆斑。花期 5 月，果期 8—10 月。

分布与生境 见于余姚；生于山坡、山沟、山顶混交林或灌木丛中。产于安吉、临安、淳安、天台、龙泉、缙云等地；分布于华东、华中、东北及四川、河北、陕西、山西、甘肃；朝鲜半岛及日本也有。

主要用途 树冠圆锥形，秋季叶片转变成猩红色，供观赏；木材供作器具、车辆及模型用；树皮可作染料。

（三）蔷薇亚科 Rosoideae

234 龙芽草

学名 **Agrimonia pilosa** Ledeb. 属名 龙芽草属

形态特征 多年生草本，高30～60cm。根多呈块茎状，根状茎短。茎、叶柄被疏柔毛及短毛，稀茎下部疏被长硬毛；花序轴、花梗、果实被疏柔毛。奇数羽状复叶，小叶7～9，稀5，向上减少至3，常杂有小型小叶；小叶片倒卵形至倒卵状披针形，1.5～5cm×1～2.5cm，先端急尖至圆钝，基部楔形至宽楔形，边缘有急尖或圆钝锯齿，上面常被疏柔毛，下面脉上常伏生疏柔毛，有明显腺点；托叶镰形，稀卵形，边缘有尖锐锯齿或裂片。穗状总状花序顶生；花黄色，直径6～9mm；雄蕊(5)8～15。果实倒卵状圆锥形，具10条肋，顶端有数层钩刺，连钩刺长7～8mm，最宽处直径3～4mm，钩刺幼时直立、成熟时靠合。花果期5—10月。

分布与生境 见于除市区外全市各地；生于山坡、沟谷、路旁、山麓林缘灌草丛及疏林下。产于全省各地；广布于全国各地；东北亚、欧洲中部及越南也有。

主要用途 全草药用，具有收敛止血，强心等功效；全株可作农药，用于防治蚜虫及小麦锈病；嫩叶可食。

附种 **托叶龙芽草*A. coreana***，托叶宽大，呈扇形或宽卵形，边缘有粗大圆钝锯齿；叶片下面脉上被开展疏柔毛，脉间被浅灰色短柔毛；花极疏离；雄蕊17～24；果实连钩刺长5mm，最宽处直径约4mm。见于余姚、象山；生于山坡林下或路旁。

托叶龙芽草

235 蛇莓

学名 **Duchesnea indica** (Andr.) Focke　**属名** 蛇莓属

形态特征　多年生草本。根状茎粗短。匍匐茎多数，纤细，长0.3～1m，有柔毛。三出复叶；基生叶具长叶柄，茎生叶叶柄短；小叶片倒卵形至菱状长圆形，2～3.5(5)cm×1～3cm，先端圆钝，边缘有钝锯齿，两面有柔毛，或上面无毛，有小叶柄，侧生小叶通常不裂。花单生于叶腋，直径1.5～2.5cm；萼片卵形，先端锐尖，外面散生柔毛；副萼片倒卵形，比萼片长，先端常具3锯齿；花瓣黄色，先端圆钝；花托果期膨大，海绵质，鲜红色，有光泽及长柔毛，干时仍有光泽或微有皱纹。瘦果卵形，暗红色，光滑或具不明显突起。花期4—5月，果期5—6月。

分布与生境　见于全市各地；生于山坡、河岸、草地、耕地旁和路旁潮湿处。产于全省各地；分布于辽宁以南各地；东北亚及印度、阿富汗、马来西亚、印度尼西亚也有。

主要用途　全草药用，具散淤消肿、收敛止血、清热解毒等功效，茎叶捣敷治疗疔疮有特效；全草水浸液可防治农业害虫、杀蛆和孑孓等。

附种　皱果蛇莓 *D. chrysantha*，侧生小叶常2裂；花较小，直径1.2～1.5cm，花托果期粉红色，无光泽，副萼片先端通常5(7)齿裂；瘦果表面具多数明显皱纹，干时略呈小瘤状突起。见于全市各地；生于山坡路旁、耕地附近或潮湿荒地。

皱果蛇莓

236 草莓

学名 **Fragaria × ananassa** (Weston) Duch. 属名 草莓属

形态特征 多年生草本，高 10～30cm。花茎低于叶或近相等，连同叶柄密被开展黄色柔毛；匍匐枝花后抽出。三出复叶；基生叶大，具长 10～30cm 的长柄；小叶片质地较厚，倒卵形或菱形，稀近圆形，3～7cm × 2～6cm，先端圆钝，基部宽楔形，侧生小叶基部偏斜，边缘具缺刻状锯齿，上面深绿色，几无毛，下面淡白绿色，疏生毛，沿脉较密，具短柄。聚伞花序有 5～15 花；萼片卵形；花瓣白色。聚合果大，直径达 3cm，鲜红色，宿存萼片紧贴于果实；瘦果生于花托凹陷处，尖卵形，光滑。花期 3—6 月，果期 5—6 月。

地理分布 原产于南美。全市各地均有栽培。

主要用途 果实鲜甜多汁，味美，可供鲜食或制果酱；也可盆栽观赏。

237 柔毛路边青 东南水杨梅

学名 **Geum japonicum** Thunb. var. **chinense** F. Bolle **属名** 水杨梅属

形态特征 多年生草本，高25～60cm。须根，簇生。茎直立，连同叶柄、花梗被黄色短柔毛及粗硬毛。基生叶为大头羽状复叶，通常有小叶3～5，顶生小叶片最大，浅裂或不裂，3～8cm×5～9cm，先端圆钝，基部宽心形或宽楔形，边缘有粗大圆钝或急尖锯齿，两面被稀疏糙伏毛，侧生小叶片呈附片状；下部茎生叶具3小叶，上部茎生叶为单叶，3浅裂。花序疏散，顶生数朵花；花瓣黄色。聚合果卵球形或椭球形，花柱宿存，顶端有小钩；瘦果及果托被长硬毛。花果期5—10月。

分布与生境 见于余姚、北仑、鄞州、奉化、宁海；生于山坡草地、田边、河边、灌丛中及疏林下。产于杭州、温州、金华、衢州、丽水及安吉、德清、嵊州、天台等地；分布于华东、华中、西南、西北及广东、广西等地。

主要用途 全草药用，具降压、止痛、消肿、解毒等功效；全草可提取栲胶；种子可榨工业用油。

238 棣棠花

学名 **Kerria japonica** (Linn.) DC.　　属名 棣棠花属

形态特征　落叶灌木，高 1～2m。小枝绿色，圆柱形，无毛，常拱垂；嫩枝有棱角。叶互生；叶片三角状卵形或卵圆形，先端长渐尖，基部圆形、截形或微心形，边缘有尖锐重锯齿，两面绿色，上面无毛或有稀疏柔毛，下面沿脉或脉腋有柔毛；托叶膜质，带状披针形，有缘毛，早落。花单生于当年生侧枝顶端，直径 2.5～6cm；花瓣黄色，先端凹缺。瘦果倒卵球形至半球形，褐色或黑褐色，无毛，有皱褶。花期 4—6 月，果期 6—8 月。

分布与生境　见于余姚、北仑、鄞州、奉化、宁海、象山；生于山坡、溪边、林缘、路旁灌丛中；市区有栽培。产于杭州、金华、丽水及安吉、开化、龙游、天台、泰顺等地。分布于华东、华中、西南及甘肃、陕西；日本也有。

主要用途　花大美丽，可供绿化观赏；茎髓作“通草”代用品，具有催乳利尿等功效。

附种　**菊花棣棠**（重瓣棣棠花）**‘Pleniflora’**，花重瓣。全市各地均有栽培。

菊花棣棠

239 翻白草

学名 **Potentilla discolor** Bunge　　属名 委陵菜属

形态特征　多年生草本，高10～45cm。根粗壮肥厚，呈纺锤形。茎直立，上升或微铺散，密被白色绵毛。基生羽状复叶有小叶5～9(11)，连叶柄长4～20cm；小叶片长圆形或长圆状披针形，1～5cm×0.5～0.8cm，先端圆钝，稀急尖，基部楔形、宽楔形或偏斜圆形，边缘具圆钝锯齿，上面暗绿色，被稀疏白色绵毛或几无毛，下面密被白色或灰白色绵毛；茎生叶有小叶3，托叶边缘常有缺刻状牙齿，稀全缘。聚伞花序有花数朵至多朵，疏散；花直径1～2cm；花瓣黄色。瘦果近肾形，光滑。花果期5—9月。

分布与生境　见于慈溪、余姚、北仑、宁海、象山；生于荒野、山谷、沟边、山坡草地及疏林下。产于全省各地；分布于我国南北各地；日本及朝鲜半岛也有。

主要用途　全草药用，具解热、消肿、止痢、止血等功效；块根含丰富淀粉，嫩苗可食。

附种　委陵菜 ***P. chinensis***，基生叶有小叶11～31，小叶片边缘羽状中裂，裂片三角状卵形、三角状披针形或长圆状披针形，边缘反卷；花直径0.8～1(1.3)cm；瘦果卵球形，皱纹明显。见于象山；生于丘陵山坡及旷野路边。

委陵菜

240 莓叶委陵菜

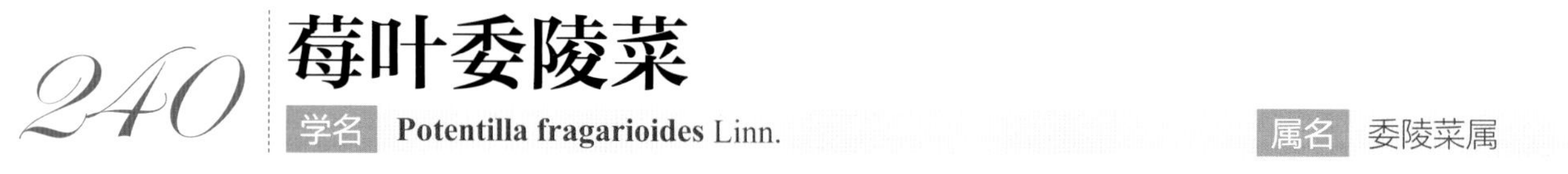

学名 **Potentilla fragarioides** Linn. 属名 委陵菜属

形态特征 多年生草本，高 8～25cm。根极多，簇生。花茎多数，丛生，上升或铺散，被开展长柔毛。基生叶为羽状复叶，有小叶 5～7(9)，小叶片倒卵形、椭圆形或长椭圆形，0.5～7cm×0.4～3cm，先端圆钝或急尖，基部楔形或宽楔形，边缘有多数急尖或圆钝锯齿，近基部全缘，两面绿色，被平铺疏柔毛，下面沿脉较密，锯齿边缘有时密被缘毛，叶柄被开展疏柔毛；茎生叶常有 3 小叶。伞房状聚伞花序顶生，多花，松散，花直径 1～1.7cm；花梗纤细，疏被柔毛；副萼片与萼片近等长或稍短；花瓣黄色。瘦果近肾形，直径约 1mm，有脉纹。花期 4—6 月，果期 6—8 月。

分布与生境 见于余姚、北仑、宁海；生于耕地边、沟边、草丛中及疏林下。产于全省各地；分布于华东、华中、东北、华北及广西、四川、云南、陕西、甘肃；东北亚也有。

附种 **朝天委陵菜 *P. supina***，一年或二年生草本；基生叶有小叶 (3)5～11 枚；花梗密被短柔毛；副萼片与萼片近等长或稍长；花直径 6～8mm。见于慈溪、江北、奉化；生于平原区的田边、水体边及荒野、草甸、山坡湿地。

朝天委陵菜

241 三叶委陵菜

学名 **Potentilla freyniana** Bornm. 属名 委陵菜属

形态特征 多年生草本，高 8～25cm。根状茎粗壮，横生或斜生，呈串珠状。茎细弱，被疏柔毛。三出复叶；小叶片长圆形、卵形或椭圆形，1.5～5cm×1～2cm，先端急尖或圆钝，基部楔形或宽楔形，边缘有多数急尖锯齿，两面绿色，疏生平铺柔毛，下面沿脉较密；茎生叶托叶呈缺刻状锐裂，有稀疏长柔毛，叶柄被疏柔毛。伞房状聚伞花序顶生，多花；花梗纤细；花瓣淡黄色。瘦果卵球形，直径 0.5～1mm，表面有脉纹。花果期 3—6 月。

分布与生境 见于余姚、北仑、鄞州、奉化、宁海、象山；生于海拔 400m 以下山坡草地、溪边及疏林下阴湿处。产于杭州、金华及安吉、天台、乐清、龙泉等地；全国广布；东北亚也有。

主要用途 根或全草药用，具有清热解毒、止痛止血等功效。

附种 **中华三叶委陵菜** var. ***sinica***，茎和叶柄上密被开展柔毛；小叶片菱状卵形或宽卵形，两面被开展柔毛，沿脉尤密，边缘具圆钝锯齿；花茎或匍匐枝上托叶宽卵形，全缘，极稀先端 2 裂。见于余姚、北仑、鄞州、奉化、宁海、象山；生于山坡草地、溪边及疏林下阴湿处。

中华三叶委陵菜

242 蛇含委陵菜

学名 **Potentilla kleiniana** Wight et Arn.　　属名 委陵菜属

形态特征　多年生草本。多须根。茎上升或匍匐，被疏柔毛或开展长柔毛，有时节处生根。基生叶为掌状 5 小叶；小叶片倒卵形或长圆状倒卵形，0.5～4cm×0.4～2cm，先端圆钝，基部楔形，边缘有多数急尖或圆钝锯齿，两面绿色，被疏柔毛，有时上面脱落而几无毛，或下面沿脉密被伏生长柔毛；叶柄被疏柔毛。聚伞花序密集于枝顶；花梗密被开展长柔毛；花瓣黄色，倒卵形，先端微凹，长于萼片。瘦果近球形，具皱纹。花果期 4—9 月。

分布与生境　见于全市各地；生于田边、水旁、草甸及山坡草地。产于全省各地；分布于华东、华中、西南及广东、广西、辽宁、陕西；南亚、朝鲜半岛及日本、印度尼西亚、马来西亚也有。

主要用途　全草药用，具清热解毒、消肿止痛等功效。

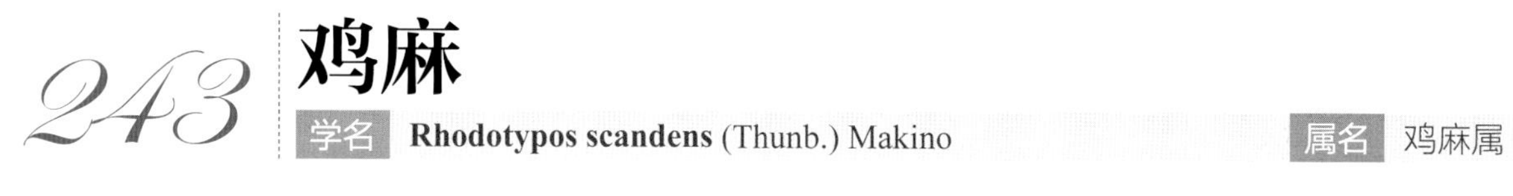

243 鸡麻

学名 **Rhodotypos scandens** (Thunb.) Makino　　属名 鸡麻属

形态特征　落叶灌木，高1～2m。小枝紫褐色，嫩枝绿色，光滑。单叶对生；叶片卵形，4～11cm×3～6cm，先端渐尖，基部圆形至微心形，边缘有尖锐重锯齿，上面幼时疏被脱落性柔毛，叶脉明显下陷，下面被绢状柔毛，老时脱落，仅沿脉被稀疏柔毛；叶柄极短。花单生于新枝顶端，直径3～5cm；副萼4，狭披针形；萼片4，叶状；花瓣4，白色。核果1～4，熟时亮黑色，斜椭球形，长约8mm，光滑。花期4—5月，果期8—10月。

分布与生境　见于鄞州；生于海拔600m左右的沟谷阔叶林中。产于安吉、临安、天台；分布于华东、华中及辽宁、陕西、甘肃等地；日本及朝鲜半岛也有。

主要用途　根及果实供药用，主治血虚肾亏；枝叶清秀，花大洁白，可供栽培观赏。

244 硕苞蔷薇

学名 **Rosa bracteata** Wendl.　属名 蔷薇属

形态特征　常绿披散灌木。小枝粗壮，密被黄褐色柔毛，混生针刺和腺毛；皮刺扁弯，常成对着生在托叶下方。复叶有小叶 5～9，稀 11～13；小叶片革质，椭圆形、倒卵形，1～2.5cm×8～15mm，先端截形、圆钝或稍急尖，基部宽楔形或近圆形，边缘有紧贴圆钝锯齿，上面无毛，深绿色，有光泽，下面色较淡，沿脉有柔毛或无毛，小叶柄和叶轴有稀疏柔毛、腺毛和小皮刺；托叶大部分离生，呈篦齿状深裂，密被柔毛，边缘有腺毛。花单生或 2、3 朵集生；苞片数枚，大型，宽卵形，密被绒毛，边缘有不规则缺刻状锯齿；花瓣白色，先端微凹。果球形，直径 2～3.5cm，密被黄褐色柔毛。花期 4—5 月，果期 9—11 月。

分布与生境　见于除市区外全市各地；生于低海拔平原溪边、路旁、山坡、灌丛等向阳处。产于全省各地；分布于华东及湖南、云南、贵州；日本也有。

主要用途　根、叶、花及果药用：根具补脾益肾、收敛涩精、祛风活血、消肿解毒等功效；花具润肺止咳等功效；叶具收敛解毒等功效；果具祛风、调经等功效；果可鲜食或浸酒。

附种　**密刺硕苞蔷薇** var. ***scabriacaulis***，小枝、叶轴、叶柄、花梗均密被针刺和腺毛。见于慈溪、北仑、鄞州、奉化、宁海、象山；多生于溪边或阔叶林中。

密刺硕苞蔷薇

245 小果蔷薇 山木香

学名 **Rosa cymosa** Tratt. **属名** 蔷薇属

形态特征 常绿攀援藤本。小枝无毛或稍有柔毛，有钩状皮刺。羽状复叶有小叶3～5(7)；小叶片卵状披针形或椭圆形，稀长圆状披针形，2.5～6cm×0.8～2.5cm，先端渐尖，基部近圆形，边缘有紧贴尖锐细锯齿，上面无毛，下面沿脉有稀疏长柔毛，小叶柄和叶轴无毛或有柔毛，有稀疏皮刺和腺毛；托叶条形，膜质，离生，早落。复伞房花序具多数花；萼片有羽状裂片；花瓣白色，先端凹；花柱离生，与雄蕊近等长。果球形，红色至橙红色，直径4～7mm，萼片脱落。花期5—6月，果期7—11月。

分布与生境 见于除市区外全市各地；多生于向阳山坡、路旁、溪边、沟谷林缘、疏林下或灌丛中。产于全省各地；分布于华东、西南及湖南、广东、广西等地；老挝、越南也有。

附种1 **木香花** ***R. banksiae***，落叶或半常绿攀援灌木；花序近伞形，花白色，重瓣或半重瓣，先端圆，芳香；萼片全缘；花柱远较雄蕊短。慈溪及市区有栽培。

本种常见栽培的还有其变型**黄木香花** form. ***lutea***，花黄色，重瓣，无香味。北仑、慈溪及市区等地有栽培。

附种2 **光叶蔷薇** ***R. luciae***，复叶具5～7(9)小叶；小叶片1～3cm×7～15mm，先端圆钝或急尖，两面无毛；托叶大部贴生于叶柄，有不规则裂齿，宿存；伞房状花序具1至多花；花柱合生成束，比雄蕊稍长；果实直径8～18mm。见于北仑、宁海、象山；生于海拔20～100m岩质海岸海蚀平台、海蚀崖缝隙、砾石滩涂潮上带及滨海丘陵山坡林缘、沟谷湿地岩石旁。

木香花

黄木香花

光叶蔷薇

246 月季 月月红

学名 **Rosa cvs.** 属名 蔷薇属

形态特征 半常绿或落叶直立灌木，高1～2m。小枝粗壮，近无毛，有短粗的钩状光滑皮刺或无刺。小叶3～5(7)；小叶片宽卵形至卵状长圆形，2.5～6cm×1～3cm，先端长渐尖或渐尖，基部近圆形或宽楔形，边缘有锐锯齿，上面光滑，两面近无毛，顶生小叶片有柄，侧生小叶片近无柄；叶柄较长，散生皮刺和腺毛；托叶大部贴生于叶柄，先端分离部分耳状，边缘常有腺毛。花数朵集生，稀单生，直径4～7cm；花瓣重瓣至半重瓣，红色、粉红色至白色，无或稍有香气。果卵球形至梨形，红色；萼片脱落。花期3—12月，果期6—12月。

地理分布 原产于中国。全市各地均有栽培。

主要用途 花色美丽，供观赏；花、根、叶药用，具活血祛淤、拔毒消肿等功效。

附种 **玫瑰 *R. rugosa***，落叶直立灌木；小枝及皮刺密被绒毛；叶片上面叶脉下陷，多皱，下面中脉凸起，网脉明显，密被绒毛和腺毛；小叶5～7(9)；花单生或2、3朵簇生；果扁球形，萼片宿存。原产于我国。全市各地有栽培。

248 金樱子

学名 **Rosa laevigata** Michx. 属名 蔷薇属

形态特征 常绿攀援藤本，高5m。小枝粗壮，散生扁弯皮刺，无毛，幼时被脱落性腺毛。复叶，小叶3(5)；小叶片革质，椭圆状卵形、倒卵形或披针状卵形，2～6cm×1.2～3.5cm，先端急尖或圆钝，边缘有锐锯齿，上面无毛，下面幼时沿中脉有脱落性腺毛，小叶柄、叶轴和萼片边缘有皮刺和腺毛；托叶离生或基部与叶柄合生，披针形，早落。花单生于叶腋，直径5～7cm；花瓣白色，先端微凹。果梨形或倒卵形，紫褐色，连同果梗被针刺；萼片宿存。花期4—6月，果期9—10月。

分布与生境 见于全市各地；生于向阳山坡、溪畔灌木丛中或疏林下。产于全省丘陵山区；分布于华东、华中、华南、西南及陕西等地；越南也有。

主要用途 果可鲜食或浸酒；根、叶、果均药用，根具活血散淤、祛风除湿、解毒收敛等功效，叶外用主治疮疖、烧烫伤，果主治腹泻并对流感病毒有抑制作用。

249 野蔷薇 多花蔷薇

学名 **Rosa multiflora** Thunb. 属名 蔷薇属

形态特征 落叶或半常绿攀援藤本。小枝通常无毛，有短、粗、稍弯曲皮刺。小叶5～9；小叶片倒卵形、长圆形或卵形，1.5～5cm×8～28mm，先端急尖或圆钝，基部近圆形或楔形，边缘有锯齿，上面无毛，下面有柔毛，小叶柄和叶轴有柔毛或无毛，散生腺毛；托叶篦齿状，大部贴生于叶柄，边缘有腺毛或无。花数朵，排成圆锥状花序；花瓣白色，先端微凹；花柱结合成束，比雄蕊稍长，无毛。果红褐色或紫褐色，近球形，有光泽，无毛；萼片脱落。花期5—7月，果期10月。

分布与生境 见于除市区外全市各地；生于向阳山坡、溪边、路旁或灌丛中。产于全省各地；分布于黄河流域以南各地；日本及朝鲜半岛也有。

主要用途 常栽为花篱；常作月季的砧木；花、果、根均药用，花具清暑热、化湿浊、顺气和胃等功效，根和果具活血、通络、收敛等功效。

附种1 **七姊妹 'Carnea'**，花重瓣，粉红色或深红色。全市各地均有栽培。

附种2 **粉团蔷薇** var. **cathayensis**，花单瓣，淡粉红色。见于慈溪、余姚、北仑、鄞州、奉化、宁海、象山；生境同“野蔷薇”。

七姊妹

粉团蔷薇

250 周毛悬钩子

学名 **Rubus amphidasys** Focke　　属名 悬钩子属

形态特征 常绿藤本。枝常无皮刺，连同叶柄、总花梗、花梗、花萼密被红褐色长腺毛、软刺毛和淡黄色长柔毛。单叶；叶片心状卵形或宽卵形，5～11cm×3.5～10cm，先端短渐尖或急尖，基部心形，边缘3～5浅裂，裂片圆钝，顶生裂片比侧生者大数倍，有不整齐尖锐锯齿；上面无毛，下面被疏柔毛；叶柄长2～6cm；托叶离生，羽状深条裂，被长腺毛和长柔毛。短总状花序顶生或腋生，稀3～5朵簇生；花瓣白色，比萼片短。聚合果暗红色，半球形，直径1cm，无毛，包藏在宿萼内。花期5—7月，果期7—9月。

分布与生境 见于慈溪、余姚、北仑、鄞州、奉化、宁海、象山；生于山坡路旁灌丛或林下、林缘。产于全省各地；分布于华东、华中及广东、广西、四川、贵州等地。

主要用途 果可食；全株药用，具活血、祛风湿等功效。

251 寒莓

学名 **Rubus buergeri** Miq. 属名 悬钩子属

形态特征 常绿藤本。茎常伏地生根，长出新株，密生褐色长柔毛，具稀疏小皮刺；叶柄、总花梗、花梗密被长柔毛，无刺或疏生针刺。单叶；叶片卵形至近圆形，直径4～8cm，先端圆钝或稍急尖，基部心形，边缘不明显3～5浅裂，裂片圆钝，有不整齐锐锯齿，上面微具柔毛或仅沿脉具柔毛，下面密被脱落性绒毛；叶柄长4～7cm；托叶离生，掌状或羽状深裂，早落。短总状花序顶生或腋生，或花数朵簇生于叶腋；萼片披针形或三角状披针形，外萼片先端常浅裂；花瓣白色，比萼短。聚合果近球形，熟时红色，直径6～10mm，无毛。花期7—8月，果期9—12月。

分布与生境 见于除市区外全市各地；生于低海拔的山坡灌丛及林下。产于全省山区；分布于华东、华中、西南及广东、广西；朝鲜半岛及日本也有。

主要用途 果可鲜食及酿酒；根及全草药用，具活血、清热解毒等功效。

附种 **湖南悬钩子** ***R. hunanensis***，茎披散或拱曲；枝、叶柄和花被白色细短柔毛；叶片近圆形或宽卵形，直径8～13cm，边缘裂片急尖；萼片宽卵形，外萼片边缘羽状条裂；果实黄红色，半球形。见于余姚、宁海、象山；生于山谷、山沟或草丛中。

湖南悬钩子

252 掌叶覆盆子

学名 **Rubus chingii** Hu　　**属名** 悬钩子属

形态特征　落叶灌木，高 2～3m。幼枝绿色，无毛，有白粉，具少数皮刺。单叶；叶片近圆形，直径 5～9cm，掌状 (3)5(7) 深裂，中裂片菱状卵形，基部心形，边缘具重锯齿或缺刻，两面脉上有白色柔毛，基部有 5 脉；叶柄长 2～4cm，微具柔毛或无毛，疏生小皮刺；托叶条状披针形。花单生于短枝顶端或叶腋；花梗长 2～4cm，无毛；萼片顶端具突尖头，外面密被短柔毛；花白色，顶端圆钝。聚合果红色，球形，直径 1.5～2cm，密被灰白色柔毛，下垂。花期 3—4 月，果期 5—6 月。

分布与生境　见于除市区外全市各地；生于山坡疏林、灌丛或林缘。产于全省各地；分布于华东及广西；日本也有。

主要用途　果大，味甜，可用于加工饮料、果酱及酿酒、熬糖、制醋。未成熟果实干燥后药用，具助阳、固精、明目等功效；根有止咳、活血、消肿等功效。

253 山莓

学名 **Rubus corchorifolius** Linn. f. **属名** 悬钩子属

形态特征 落叶直立灌木。枝具稀疏针状弯皮刺，幼时稍被柔毛。单叶；叶片卵形至卵状披针形，4～10cm×2～6cm，先端渐尖，基部心形至圆形，不裂或3浅裂，有不规则重锯齿，上面近无毛或脉上被短毛，下面幼时密被脱落性细柔毛，基部具3脉；叶柄长1～3cm，托叶条状披针形，基部与叶柄合生，早落。花单生，稀簇生短枝端；花瓣白色。聚合果球形，红色，直径1～1.2cm，密被细柔毛。花期2—3(6)月，果期4—6月。

分布与生境 见于除市区外全市各地；生于向阳山坡、溪边、路边或灌丛中。产于全省各地；分布几遍全国；朝鲜半岛及日本、缅甸、越南也有。

主要用途 果可供生食、制果酱及酿酒。

附种1 **光果悬钩子** ***R. glabricarpus***，植株被柔毛和腺毛；叶片卵状披针形；果实无毛。见于余姚、北仑、鄞州、奉化、宁海、象山；生于低海拔至中海拔的山坡、山脚、沟边及阔叶林下。

附种2 **武夷悬钩子** ***R. jiangxiensis***，小枝、叶柄、叶背沿脉、花梗、花萼外面果实均疏生腺毛；叶片不裂至2～5浅裂；花单朵与叶对生，或近顶生；子房、果实均被腺毛。见于余姚、北仑、鄞州、奉化、象山；生于山坡林缘、路旁。

光果悬钩子

武夷悬钩子

254 蓬蘽

学名 **Rubus hirsutus** Thunb. 属名 悬钩子属

形态特征 半常绿小灌木。枝红褐色或褐色，连同叶柄、萼片外面被柔毛和腺毛，疏生皮刺。小叶3～5；小叶片卵形或宽卵形，3～7cm×2～3.5cm，先端急尖，顶生小叶先端常渐尖，基部宽楔形至圆形，两面疏生柔毛，边缘具不整齐尖锐重锯齿；叶柄长2～3cm，疏生皮刺。花常单生于侧枝顶端，稀腋生；萼片花后反折；花瓣白色，具瓣柄。聚合果近球形，红色，直径1.5～2cm，无毛。花期4—6月，果期5—7月。

分布与生境 见于全市各地；生于山坡路旁、疏林下、林缘、灌丛中及村宅旁。产于全省各地；分布于华东及河南、广东；朝鲜半岛及日本也有。

主要用途 果可食；全株药用，具消炎解毒、清热镇惊、活血、祛风湿等功效。

255 高粱泡

学名 **Rubus lambertianus** Ser.　**属名** 悬钩子属

形态特征　落叶藤本。茎有棱，散生钩状小皮刺。单叶；叶片宽卵形，稀长圆状卵形，7～10cm×4～9cm，先端渐尖，基部心形，上面疏生柔毛或沿脉有柔毛，下面疏被柔毛，沿脉较密，中脉上常疏生小皮刺，边缘明显3～5裂或呈波状，有细锯齿；叶柄长2～5cm，具细柔毛或近无毛，有稀疏小皮刺；托叶离生，条状深裂，常脱落。圆锥花序顶生，生于枝上部叶腋内的花序常近总状；萼片外面边缘和内面均被白色短柔毛；花瓣白色。聚合果红色，球形，直径6～8mm。花期7—8月，果期9—11月。

分布与生境　见于除市区外全市各地；生于低海拔山坡林下、沟边、林缘及灌草丛中。产于全省各地；分布于长江流域及以南各地；日本也有。

主要用途　果可鲜食及酿酒；根、叶供药用，具清热散淤、止血等功效。

256 太平莓

学名 **Rubus pacificus** Hance　　属名 悬钩子属

形态特征　常绿矮小灌木。茎细，微拱曲或匍地，无毛，无刺或疏生小皮刺。单叶；叶片革质，宽卵形或长卵形，8～16cm×5～15cm，先端渐尖，基部心形或截形，有锐锯齿，上面无毛，下面密被灰色绒毛，基部具掌状5出脉，侧脉2或3对，下面叶脉凸起，棕褐色；叶柄长4～9cm，疏生小皮刺；托叶大，叶状，具柔毛。花3～6朵组成顶生短总状或伞房状花序，或单生于叶腋，直径1.5～2cm；花序梗、花梗和花萼密被绒毛状柔毛；萼片果期反折；花瓣白色。聚合果球形，红色，直径1.2～1.6cm，无毛。花期6—7月，果期8—9月。

分布与生境　见于慈溪、余姚、北仑、鄞州、奉化、宁海、象山；生于山坡灌丛中、林下和路旁草丛中。产于全省山区；分布于华东、华中。

主要用途　耐干旱，有固沙作用；全株药用，具清热活血等功效。

附种　**灰毛泡** ***R. irenaeus***，叶片近圆形，先端圆钝或急尖，下面密被灰色或黄灰色绒毛。见于奉化；生于山坡疏林下。

灰毛泡

257 茅莓

学名 **Rubus parvifolius** Linn.　　属名 悬钩子属

形态特征　落叶藤本。枝呈弓形弯曲，被柔毛和稀疏钩状皮刺。小叶 3，在新枝上偶 5；顶生小叶片菱状圆形或倒卵形，2.5～6cm×2～6cm，先端圆钝或急尖，基部圆形或宽楔形，上面伏生疏柔毛，下面密被灰白色绒毛，边缘有不整齐粗锯齿或缺刻状粗重锯齿，常具浅裂片，顶生小叶柄长 1～2cm，被柔毛和稀疏小皮刺；托叶条形，具柔毛。伞房花序顶生或腋生，花少数，被柔毛和细刺；花萼外面密被柔毛和针刺；花瓣粉红色至紫红色，具瓣柄。聚合果红色，卵球形，直径 1～1.5cm，无毛或具疏柔毛。花期 5—6 月，果期 7—8 月。

分布与生境　见于除市区外全市各地；生于山坡阔叶林下、向阳山谷、路旁或荒野。产于全省各地；分布于我国大部分地区；日本、越南及朝鲜半岛也有。

主要用途　果实酸甜多汁，可供食用、酿酒及制醋等；全株药用，具止痛、活血、祛风湿等功效。

附种　**插田泡** ***R. coreanus***，枝红褐色，被白粉；小叶 (3)5～7；聚合果深红色至紫黑色。见于余姚、北仑、鄞州、奉化、宁海、象山；生于山坡或平地灌丛中。

插田泡

258 锈毛莓

学名 **Rubus reflexus** Ker Gawl.　　属名 悬钩子属

形态特征　常绿藤本。枝和叶柄被锈色或黄褐色长柔毛，有稀疏小皮刺，隐于毛中。单叶；叶片心状长圆形，7～15cm×5～12cm，先端锐尖，基部心形，边缘3～5裂，中裂片较大，长于侧裂片，有锐锯齿，基出三脉，上面被疏长柔毛或无毛，下面密被锈色绒毛；叶柄被绒毛；托叶被长柔毛，梳齿状或不规则掌状分裂。花数朵聚生于叶腋或成顶生短总状花序；总花梗、花梗密被锈色长柔毛；花萼外面被锈色柔毛和绒毛；花瓣白色，与萼片近等长。聚合果近球形，深红色，直径1.5～2cm。花期6—7月，果期8—9月。

分布与生境　见于宁海、象山；生于山坡、山谷灌丛或疏林下。产于金华、丽水、温州及开化；分布于华中及江西、福建、广东、广西、贵州等地。

主要用途　果可食；根药用，具祛风湿、强筋骨等功效。

附种　**浅裂锈毛莓** var. ***hui***，叶片心状宽卵形或近圆形，边缘稍浅裂，裂片急尖，顶生裂片较侧生裂片稍长或几等长。见于宁海、象山；生境同原种。

浅裂锈毛莓

259 空心泡

学名 **Rubus rosifolius** Smith　　属名 悬钩子属

形态特征　落叶灌木或藤本。小枝常有浅黄色腺点，疏生扁平皮刺。小叶 5～7(9)，卵状披针形或披针形，3～7cm×1.5～2cm，先端渐尖至尾状，基部宽楔形或圆形，两面疏生脱落性柔毛，有浅黄色发亮的腺点，下面沿中脉有稀疏小皮刺，边缘有尖锐缺刻状重锯齿，顶生小叶柄长 0.8～1.5cm，连同叶轴均有柔毛和小皮刺，被浅黄色腺点。花常 1 或 2 朵顶生或腋生；萼片花后常反折；花瓣白色，具瓣柄。聚合果红色，长 1～1.5cm，无毛。花期 3—5 月，果期 6—7 月。

分布与生境　见于余姚、北仑、鄞州、奉化、宁海、象山；生于山坡阔叶林缘。产于杭州、丽水、温州及临海；分布于华东、华中、西南及广东、广西、陕西；东南亚、非洲及日本、印度、澳大利亚也有。

主要用途　根、嫩枝及叶药用，具清热止咳、止血、祛风湿等功效。

260 红腺悬钩子

学名 **Rubus sumatranus** Miq.　　属名 悬钩子属

形态特征　半常绿披散灌木。小枝、叶轴、叶柄、花梗和花序均被紫红色腺毛、柔毛和皮刺。小叶(3)5～7；小叶片卵状披针形至披针形，3～8cm×1.5～3cm，先端渐尖，基部圆形，两面疏生柔毛，沿中脉较密，下面沿中脉有小皮刺，边缘具不整齐尖锐锯齿，顶生小叶柄长达1cm；托叶披针形或条状披针形，有柔毛和腺毛。花3朵或数朵成伞房状花序，稀单生；花萼被腺毛和柔毛，萼片果期反折；花瓣白色，具瓣柄。聚合果椭球形，橘红色，长1～1.8cm，无毛。花期4—6月，果期7—8月。

分布与生境　见于慈溪、余姚、北仑、鄞州、奉化、宁海、象山；生于山坡阔叶林下或林缘。产于杭州、温州、衢州、丽水及安吉、临海等地；分布于华东、华中、华南、西南；东南亚、南亚、朝鲜半岛及日本也有。

主要用途　根药用，具清热、解毒、利尿等功效。

261 木莓

学名 **Rubus swinhoei** Hance　　**属名** 悬钩子属

形态特征 落叶或半常绿藤本。茎幼时具脱落性灰白色短绒毛，疏生小皮刺。单叶；叶片宽卵形至长圆状披针形，5～11cm×2.5～5cm，先端渐尖，基部截形至浅心形，边缘有不整齐粗锐锯齿，稀缺刻状，上面仅沿中脉有柔毛，不育枝和老枝上的叶片下面密被宿存的灰色平贴绒毛，果枝上的叶片下面仅沿脉有少许绒毛或无毛，主脉上疏生钩状小皮刺；托叶膜质，早落。花常5或6朵成总状花序；萼片花期反折；花瓣白色。聚合果熟时黑紫色，无毛，直径1～1.5cm。花期4—6月，果期7—8月。

分布与生境 见于北仑、宁海；生于山坡、沟谷林下或灌丛中。产于杭州、金华、丽水及安吉、开化、天台、泰顺、平阳等地；分布于华东、华中及陕西、四川、贵州等地；琉球群岛也有。

262 三花莓 三花悬钩子

学名 **Rubus trianthus** Focke 属名 悬钩子属

形态特征 落叶灌木。茎直立或拱曲；枝暗紫色，无毛，疏生皮刺，有时具白粉。单叶；叶片卵状披针形或长圆状披针形，4～9cm×2～5cm，先端渐尖，基部心形，稀近截形，两面无毛，3裂或不裂，通常不育枝上的叶较大而3裂，顶生裂片卵状披针形，边缘有不规则或缺刻状锯齿，基部有3脉；叶柄长1～3cm，无毛，疏生小皮刺。花常3朵，有时超过3朵而成短总状花序，常顶生；花瓣5，白色。聚合果红色，近球形，直径约1cm，无毛。花期4—5月，果期5—6月。

分布与生境 见于余姚、北仑、鄞州、奉化、宁海；生于山坡混交林草丛中，或路旁、溪边及山谷等处。产于丽水及临安、天台、临海、泰顺、瑞安等地；分布于华东、华中、西南；越南也有。

主要用途 全株药用，具活血散淤等功效。

附种 **宁波三花莓** form. ***pleiopetalus***，花复瓣，花瓣8～15。见于余姚；生于阔叶林下灌草丛中。为本次调查发现的新变型。

宁波三花莓

263 东南悬钩子

学名 **Rubus tsangorum** Hand.-Mazz.　　属名 悬钩子属

形态特征　常绿藤本。茎、叶柄、托叶和花序被硬毛和腺毛，有时具稀疏针刺。单叶；叶片近圆形或宽卵形，直径6～17cm，先端急尖或短渐尖，基部深心形，边缘明显3～5浅裂，顶生裂片比侧生者稍大，下面被薄层脱落性绒毛，沿主脉有长柔毛和疏腺毛；托叶掌状深裂，裂片条形或条状披针形。花常5～20成顶生和腋生近总状花序；花瓣白色，比萼片短。聚合果近红色，球形，无毛。花期5—7月，果期8—9月。

分布与生境　见于余姚、鄞州、奉化、宁海、象山；生于疏林下或灌丛中。产于金华、台州、丽水、温州及淳安、开化等地；分布于华东及湖南、广东、广西。

264 地榆

学名 **Sanguisorba officinalis** Linn. 属名 地榆属

形态特征 多年生草本，高0.3～1.2m。根粗壮，多呈纺锤形，表面棕褐色或紫褐色。茎直立，有棱，无毛或基部有疏腺毛。基生叶为羽状复叶，小叶9～13；小叶片卵形或长圆状卵形，1～7cm×0.5～3cm，先端圆钝，稀急尖，基部心形至浅心形，边缘有多数粗大圆钝稀急尖锯齿，两面绿色，无毛，有短柄；叶柄无毛或基部有疏腺毛；托叶大，半卵形，具锯齿。穗状花序椭球形、圆柱形或卵球形，直立，长1～3(4)cm，从上向下开放。果实包藏于宿存萼筒内，外面有4棱。花果期7—10月。

分布与生境 见于余姚、北仑、鄞州、奉化、宁海、象山；生于草甸、山坡草地、灌丛等处。产于全省丘陵山区；分布于我国大部分地区；广布于欧洲、亚洲。

主要用途 根药用，具止血凉血、清热解毒、收敛止泻等功效；嫩叶可作野菜，也可代茶饮。

附种 **长叶地榆** var. ***longifolia***，基生叶小叶带状长圆形至带状披针形，基部微心形、圆形至宽楔形，茎生叶较多，与基生叶相似，但更长而狭窄；花穗长圆柱形，长2～6cm。见于余姚、象山；生于山坡草地、溪边、灌丛中、湿草地及疏林中。

长叶地榆

（四）李亚科 Prunoideae

265 桃

学名 **Amygdalus persica** Linn. 属名 桃属

形态特征 落叶小乔木。树皮暗红褐色，老时粗糙，呈鳞片状。小枝绿色，无毛，有光泽，向阳处转成红色，具小皮孔；具顶芽，腋芽3芽并生，中间为叶芽，两侧为花芽。叶片长圆状披针形、椭圆状披针形或倒卵状披针形，7～15cm×2～3.5cm，上面无毛，下面脉腋间具少数短柔毛或无毛，边缘具锯齿；叶柄粗壮，常具1至数枚腺体，稀无。花单生，先叶开放；花瓣粉红色，稀白色。核果淡绿白色至橙黄色，向阳面常具红晕，外面密被短柔毛，稀无毛，腹缝明显，大小多变；核大，外面具纵、横纹和孔穴。花期3—4月，果熟期因品种而异，通常为7—8月。

分布与生境 见于慈溪、余姚、北仑、鄞州、奉化、宁海、象山等地；生于山坡疏林、沟边；各地有栽培。

主要用途 果和花瓣可食；花色艳丽，可供观赏；树干上分泌的胶质，俗称桃胶，可食用，入药具破血、和血、益气等功效。

品种极多，在我市栽培较普遍的有**紫叶碧桃 'Atropurpurea'**（叶紫色；花紫红色，重瓣）、**红碧桃 'Rubro-Plena'**（花半重瓣，红色）、**水蜜桃 'Scleropersica'**（我市主栽水果种类之一，花粉红色，单瓣）、**洒金碧桃 'Versicolor'**（花半重瓣至重瓣，一株上的花或粉色或白色，或白色带红色条纹）等。

附种 **蟠桃** var. *compressa*，果实磨盘状压扁，核扁。全市各地均有栽培。

蟠桃

紫叶碧桃

红碧桃
水蜜桃
洒金碧桃

266 梅

学名 **Armeniaca mume** Sieb. 属名 杏属

形态特征 落叶小乔木。树皮浅灰色或带绿色，平滑；小枝绿色，光滑无毛。叶片卵形或椭圆形，4～8cm×2.5～5cm，先端尾尖，基部宽楔形至圆形，边缘常具小锐锯齿，嫩叶两面被短柔毛，后渐脱落，或仅下面脉腋间具短柔毛；叶柄幼时具毛，老时脱落，常有腺体。花单生，稀2朵并生，先叶开放；花萼通常红褐色，或为绿色或绿紫色；花瓣白色至粉红色。核果黄色或绿白色，被柔毛；果肉与核粘贴，味极酸；核椭球形，顶端圆形而有小突尖头，有明显纵沟及蜂窝状孔穴。花期2—3月，果期5—6月。

分布与生境 见于余姚、北仑、鄞州、奉化、宁海；生于山坡灌丛中、山谷疏林中或水边、沟底、路旁等处；全市各地均有栽培。我国各地有栽培；日本及朝鲜半岛也有。

主要用途 花色美丽，栽培供观赏；鲜花可提取香精；花、叶、根、果实和种仁均可药用；果实可食，可盐渍或干制，熏制成的乌梅具止咳、止泻、生津消渴等功效。

附种 杏（杏梅）***A. vulgaris***，一年生枝浅红褐色；叶片宽卵形或圆卵形，5～9cm×4～8cm，先端急尖至短渐尖，基部圆形至近心形，边缘有圆钝锯齿；果味酸甜适度。原产于亚洲西部。全市各地均有栽培。

杏

267 迎春樱

学名 **Cerasus discoidea** Yü et C.L. Li　　属名 樱属

形态特征 落叶小乔木。小枝紫褐色，嫩枝被疏柔毛或脱落无毛；叶片、托叶及苞片边缘锯齿顶端有小盘状腺体。叶片倒卵状长圆形或长椭圆形，先端骤尾尖或尾尖，基部楔形，稀近圆形，边缘有缺刻状锐尖锯齿，上面伏生疏柔毛，下面被疏柔毛，嫩时较密，侧脉 8～10 对；叶柄幼时被脱落性稀疏柔毛，顶端有 1～3 腺体；托叶狭条形。花先叶开放，稀与叶同放；伞形花序具 (1)2(3) 花，基部常有褐色、革质鳞片；苞片绿色，近圆形，果期宿存；萼筒管形钟状，萼片先端圆钝或有小尖头，反折；花瓣粉红色，先端 2 裂。核果近球形，熟时红色。花期 3—4 月，果期 5 月。

分布与生境 见于余姚、北仑、鄞州、奉化、宁海、象山；生于山谷、溪边疏林或灌丛中。产于杭州、金华、丽水及安吉等地；分布于安徽、江西。

主要用途 花期早，是优良的观赏树种；果可鲜食。

268 郁李

学名 **Cerasus japonica** (Thunb.) Lois.　　属名 樱属

形态特征 落叶灌木，高1～1.5m。小枝灰褐色，嫩枝绿色或绿褐色，无毛。叶片卵形至卵状披针形，2～5cm×1～2cm，中部以下最宽，先端渐尖，基部圆形，边缘有尖锐重锯齿，上面有稀疏极短毛，下面无毛或脉上有稀疏柔毛，侧脉5～8对；叶柄长2～4mm，无毛或被稀疏柔毛；托叶条形，边缘有腺齿。花1～3朵簇生，与叶同放或先叶开放；萼筒陀螺形，长、宽近相等，萼片先端圆钝，外面有毛，反折；花瓣白色或粉红色，有短瓣柄；花柱与雄蕊近等长，无毛。核果近球形，深红色，直径约1cm；核表面光滑。花期4月，果期5—6月。

分布与生境 见于余姚、奉化；生于山坡林下、灌丛中；象山及市区等地有栽培。产于杭州及仙居；分布于东北及山东、河北、河南；日本及朝鲜半岛也有。

主要用途 种仁药用，名郁李仁，具降压等功效；花美丽，栽培供观赏；果可鲜食或酿酒。

附种1 **麦李 *C. glandulosa***，小枝无毛，稀嫩枝被短柔毛；叶片长圆状披针形，先端急尖，基部楔形，中部最宽，两面无毛或中脉有疏柔毛，侧脉4或5对；花柱比雄蕊稍长，无毛或基部有疏毛。见于慈溪、余姚、奉化；生于山坡、沟边或灌丛中。

附种2 **毛柱郁李 *C. pogonostyla***，嫩枝密生短柔毛；叶片上面有短糙毛，下面有微柔毛或脉上有毛；花柱比雄蕊长，基部有柔毛。见于象山；生于海滨山坡灌丛中。

麦李

毛柱郁李

269 浙闽樱

学名 **Cerasus schneideriana** (Koehne) Yü et Li　属名 樱属

形态特征 落叶小乔木。小枝紫褐色，嫩枝灰绿色，连同叶背、叶柄密被灰褐色微硬毛。叶片长椭圆形、卵状长圆形或倒卵状长圆形，4～9cm×1.5～4.5cm，先端渐尖或骤尾尖，基部圆形或宽楔形，边缘锯齿渐尖，常有重锯齿，齿端有头状腺体，上面近无毛或伏生疏柔毛，侧脉 8～11 对；叶柄长 5～10mm，先端有 2(3) 枚黑色腺体；托叶褐色，边缘疏生长柄腺体，早落。花序伞形，具 1～3 花；苞片绿褐色，边缘有锯齿，齿端有长柄腺体；萼筒管状，萼片条状披针形，反折，与萼筒近等长；花瓣淡红色，先端 2 裂；花柱基部疏生硬毛。核果紫红色。花期 3 月，果期 5 月。

分布与生境 见于余姚、北仑、鄞州、奉化、宁海、象山；生于山谷、山顶林中。产于温州、台州、丽水及开化等地；分布于福建、广西。模式标本采自宁波。

主要用途 花果美丽，可供观赏；鲜果可食。

附种 **樱桃** ***C. pseudocerasus***，小枝无毛或被疏柔毛；叶片下面沿脉或脉间有稀疏柔毛；叶柄先端有 1 或 2 枚大腺体；花序伞房状或近伞形，具 3～6 花；花瓣白色；花柱无毛。全市各地均有栽培。

樱桃

270 山樱花

学名 **Cerasus serrulata** (Lindl.) G. Don ex Loudon. var. **spontanea** (Maxim.) Wils. **属名** 樱属

形态特征 落叶小乔木。树皮灰褐色或灰黑色。小枝灰白色或淡褐色；小枝、叶两面、叶柄、花梗、萼筒及花柱均无毛。叶片卵状椭圆形或倒卵状椭圆形，5～9cm×2.5～5cm，先端渐尖，基部圆形，边缘有尖锐重锯齿，齿尖有小腺体，侧脉6～8对；叶柄先端有1～3圆形腺体；托叶条形，边缘有腺齿，早落。伞房状短总状花序或近伞形花序，有2或3花，先叶开放；苞片边缘有腺齿；萼筒管状，顶端扩大，萼片三角状披针形，全缘；花瓣白色，稀粉红色，先端下凹；雄蕊约30。核果紫黑色，直径8～10mm。花期4—5月，果期6—7月。

分布与生境 见于余姚、北仑、鄞州、奉化、宁海、象山；生于海拔750m左右的山谷林中、沟边。产于安吉、临安、天台、缙云；分布于华东及黑龙江、河北、山东、湖南、贵州等地；日本及朝鲜半岛也有。

附种1 日本晚樱 ***C. serrulata*** var. ***lannesiana***，叶片嫩时带淡紫褐色；花、叶同时开放，重瓣，粉红色；萼筒钟状。原产于日本。全市各地均有栽培，主要品种有‘关山’‘松月’‘郁金’等。

附种2 毛叶山樱花 ***C. serrulata*** var. ***pubescens***，叶柄、叶背及花梗均被短柔毛。见于余姚、北仑、鄞州、奉化、宁海、象山；生境同“山樱花”。

附种3 沼生矮樱 ***C. jingningensis***，灌木，高2～3m；叶片3～6.5cm×1.5～3cm，上面网脉下凹，叶面皱缩，下面中脉淡紫红色，叶柄紫红色；叶缘及苞片锯齿齿端均无腺体；花瓣粉红色，先端微凹，中间具1～2小尖头；核果直径6～7mm；花期3—4月，花、叶同放，果期5—6月。见于奉化、宁海；生于海拔约600m的山脊林缘或山坡路旁。

日本晚樱

毛叶山樱花

沼生矮樱

271 大叶早樱

学名 **Cerasus subhirtella** (Miq.) Sok. 属名 樱属

形态特征 落叶乔木，高达10m。树皮灰褐色，纵裂；小枝灰色，嫩枝绿色，连同叶柄、花梗、萼筒、花柱被白色短柔毛。叶片卵形至卵状长圆形，3～6cm×1.5～3cm，先端渐尖，基部宽楔形，边缘有细锐锯齿和重锯齿，上面无毛或中脉伏生稀疏柔毛，下面伏生白色疏柔毛，脉上尤密，侧脉10～14对，直出近平行；叶柄长5～8mm；托叶褐色，条形，比叶柄短，边缘有稀疏腺齿。花序伞形，具2或3花，花叶同放；花梗长1～2cm；萼筒管状，微呈壶状，萼片与萼筒近等长，长圆卵形，有疏齿；花瓣淡红色，先端下凹。核果熟时黑色。花期3—4月，果期6月。

分布与生境 见于余姚、北仑、鄞州、奉化、宁海、象山；生于山谷、林缘及阔叶林中。产于德清、临安；分布于安徽、江西、四川等地。

附种 **东京樱花**（日本樱花）***C.* × *yedoensis***，叶片椭圆状卵形或倒卵形，5～12cm×2.5～7cm，基部圆形，稀楔形，下面沿脉疏被柔毛，侧脉微弯，7～10对；叶柄长1.3～1.5cm；花序具3或4花；花梗长2～2.5cm；萼片短于萼筒。园艺品种很多，如**‘染井吉野’**（**‘Somei-yoshino’**）等。全市各地均有栽培。

东京樱花

染井吉野

272 腺叶桂樱

学名 **Laurocerasus phaeosticta** (Hance) Schneid.　　属名 桂樱属

形态特征 常绿乔木，高达12m。小枝暗紫褐色，具稀疏皮孔，无毛。叶片革质，狭椭圆形、长圆形或长圆状披针形，稀倒卵状长圆形，6～12cm×2～4cm，先端长尾尖，基部楔形，全缘，两面无毛，下面散生黑色小腺点，基部近叶缘常有2较大扁平腺体，侧脉6～10对，在上面稍凸起，下面明显凸出。总状花序单生于叶腋；花瓣白色。果实紫黑色，无毛。花期4—5月，果期7—10月。

分布与生境 见于余姚、北仑、鄞州、奉化、宁海、象山；生于山谷、溪边、路旁、林缘及林中。产于温州及建德、开化、临海、遂昌、龙泉等地；分布于华东、华南、西南及湖南等地；东南亚及印度、孟加拉国也有。

附种 **刺叶桂樱** ***L. spinulosa***，小枝具明显皮孔；叶片先端渐尖至尾尖，基部宽楔形至近圆形，常偏斜，边缘不平而常呈波状，中部以上或近顶端常具

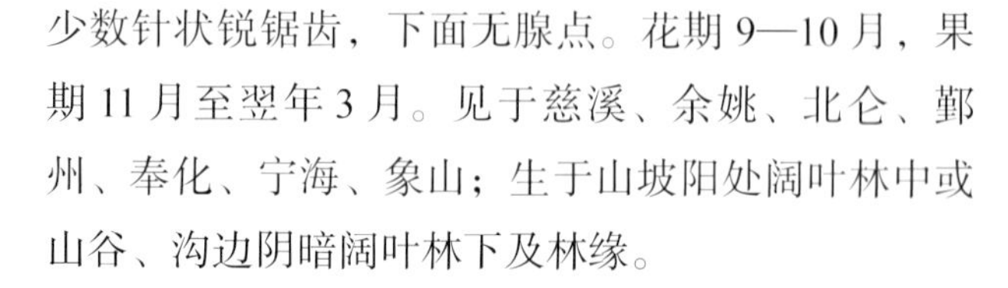

少数针状锐锯齿，下面无腺点。花期9—10月，果期11月至翌年3月。见于慈溪、余姚、北仑、鄞州、奉化、宁海、象山；生于山坡阳处阔叶林中或山谷、沟边阴暗阔叶林下及林缘。

刺叶桂樱

大叶桂樱

学名 **Laurocerasus zippeliana** (Miq.) Browicz　　属名 桂樱属

形态特征 常绿乔木，高达25m。树皮块状剥落，呈现红褐色；小枝灰褐色至黑褐色，具明显小皮孔，无毛。叶片革质，宽卵形至椭圆状长圆形或长圆形，10～19cm×4～8cm，先端急尖至短渐尖，基部宽楔形至圆形，边缘具锯齿，两面无毛，上面有光泽，侧脉7～13对；叶柄无毛，顶端有2扁平腺体。总状花序单生或2～4簇生于叶腋，被短柔毛；花小，白色，花瓣5。核果椭球形或卵状椭球形，长18～24mm，熟时由红变黑，顶端急尖并具短尖头。花期7—10月，果期翌年1—4月。

分布与生境 见于北仑、宁海、象山；生于海拔150～500m的山坡、沟谷阔叶林中。产于温州、丽水及温岭、普陀；分布于华东、华中、西南及广东、广西、甘肃、陕西；日本、越南也有。

主要用途 树干红褐色，十分醒目，叶大亮绿，花白果红，为优良观赏树种；果实熟时可食。

274 橉木 华东稠李

学名 **Padus buergeriana** (Miq.) Yü et Ku　属名 稠李属

形态特征　落叶乔木，高 6～12m。树皮具环状横向裂纹，粗糙。小枝红褐色或灰褐色，基部膨大；枝、叶无毛。叶片椭圆形或倒卵状披针形，通常中部以上较宽，4～10cm×2.5～5cm，先端尾状渐尖或短渐尖，基部楔形，有时有 2 腺体，边缘有较密的贴生细锯齿，细脉不明显；叶柄长 1～1.5cm，顶端无腺体。总状花序长 6～9cm，基部无叶，有 20～30 花；花瓣白色。核果近球形或卵球形，黑褐色；萼片宿存。花期 4—5 月，果期 5—10 月。

分布与生境　见于余姚、北仑、鄞州、奉化、宁海、象山；生于海拔 600m 以上的山坡、沟谷林中、林缘及路旁。产于全省山区；分布于华东、华中、西南及广西、四川、贵州、陕西、甘肃等地；朝鲜半岛及日本也有。

主要用途　珍贵用材树种；秋色叶树种，可供山地公园绿化观赏。

附种 1　**细齿稠李** ***P. obtusata***，叶片基部近圆形或宽楔形，边缘有细密锯齿，叶柄顶端两侧各有 1 腺体；花序长 10～15cm，基部有 2～4 片小型叶片；萼片果期脱落。见于余姚、奉化、宁海；生于海拔 600m 以上的山坡、山谷溪边林中。

附种 2　**绢毛稠李**（大叶稠李）***P. wilsonii***，叶片较大，6～17cm×3～8cm，下面密被白色或棕褐色有光泽的绢状柔毛，叶缘锯齿较疏，叶柄长 7～8mm，顶端两侧或叶片基部两侧各具 1 枚腺体；花序长 7～14cm，基部有 3 或 4 片小型叶片，总花梗和花梗果期显著增粗，具明显增大的浅色皮孔；萼片果期脱落。见于余姚、奉化；生于海拔 600m 以上的山坡、山谷溪边林中。

细齿稠李

绢毛稠李

红叶李

学名 **Prunus cerasifera** Ehrhart **'Atropurpurea'** 属名 李属

形态特征 落叶小乔木，高达 8m。多分枝，开展；枝细瘦，小枝暗紫红色，光滑无毛。叶片椭圆形、卵形或倒卵形，(2)3～6cm×2～4(6)cm，先端急尖，基部楔形或近圆形，边缘有腺齿，有时杂有重锯齿，两面红紫色，上面中脉微下陷，下面中脉隆起，下部有柔毛或脉腋有髯毛，余部无毛。花单生，单瓣，直径约 2.3cm，与叶同放；花梗长约 1cm，花瓣淡粉红色。核果小，暗紫红色。花期 3—4 月，果期 5—6 月。

地理分布 全市各地普遍栽培。

主要用途 春季满树繁花，叶红紫色，普遍用于绿化观赏。

附种 美人梅 *Armeniaca* × *blireana* **'Meiren'**，是宫粉梅与紫叶李的杂交品种，花梗较长；花较大，半重瓣，淡紫色。全市各地均有栽培。

美人梅

276 李

学名 **Prunus salicina** Lindl. 属名 李属

形态特征 落叶小乔木。树皮灰褐色；野生者茎下部具直伸的枝刺；老枝紫褐色或红褐色，小枝黄红色，无毛。叶片长圆状倒卵形、长椭圆形，6～8(12)cm×3～5cm，先端渐尖、急尖或短尾尖，基部楔形，边缘具圆钝重锯齿，间有单锯齿，两面无毛，有时下面沿主脉有稀疏柔毛或脉腋有髯毛，侧脉6～10对；叶柄顶端及叶片基部常有2腺体。花通常3朵并生；花瓣白色。核果球形、卵球形或近圆锥形，黄色、红色、绿色或紫色，被蜡粉，直径3.5～5cm，栽培品种可达7cm，梗洼陷入，顶端微尖。花期4月，果期(6)7—8月。

分布与生境 见于余姚、鄞州、奉化、宁海、象山；生于溪边疏林内或山坡阔叶林中；全市各地均有栽培。产于杭州、温州、绍兴、湖州、金华、台州、丽水；除新疆外，全国各地均有野生或栽培。

主要用途 为重要果树之一，果肉味美多汁，可鲜食或加工；叶、根皮和果仁均可药用；木材可作家具；景观及蜜源植物。生产中栽培的主要有‘桃形李’等品种。

二十九　豆科 Leguminosae*

（一）含羞草亚科 Mimosoideae

277 银荆

学名 **Acacia dealbata** Link　　属名 金合欢属

形态特征　常绿乔木或小乔木，高达15m。树皮灰绿色，平滑。嫩枝及叶轴被灰色短绒毛及白霜。二回羽状复叶，互生；羽片8～25对，排列紧密；叶柄及每对羽片着生处均有1腺体；小叶60～100，密集；小叶片条形，2.6～4mm×0.4～0.5mm，银灰色至淡绿色，被灰白色短柔毛。头状花序直径6～7mm，排成腋生的总状花序或顶生圆锥花序；花小，淡黄色或深黄色。荚果红棕色或黑色，带状，长2.8～12cm，无毛，被灰白色蜡粉。种子椭球形，扁平。花期2—4月，果期5—8月。

地理分布　原产于澳大利亚。全市各地均有栽培。

主要用途　栲胶原料树种；供观赏；蜜源植物。

* 宁波有53属115种5亚种4变种4品种，其中栽培39种2亚种1变种4品种，归化7种。本图鉴收录51属107种5亚种4变种4品种，其中栽培引种2亚种1变种4品种，归化7种。

278 合欢

学名 **Albizia julibrissin** Durazz. 属名 合欢属

形态特征 落叶乔木，高达16m。树皮灰褐色，密生皮孔；树冠开展；小枝微具棱。二回羽状复叶，互生；羽片4～12(20)对；叶柄近基部有1枚腺体；托叶小、早落。小叶10～30对；小叶片镰形或斜长圆形，6～13mm×1～4mm，先端有小尖头，中脉紧靠上部叶缘。头状花序顶生或腋生，排成伞房状圆锥花序；花序轴常呈“之”字形折曲；花萼绿色；花冠淡粉红色；花丝基部连合，上部粉红色。荚果带状，长8～17cm，扁平。种子褐色，椭圆形，扁平。花期5—7月，果期8—10月。

分布与生境 见于除市区外全市各地；生于山坡、溪沟边、疏林中；全市常见栽培。产于全省各地；分布于黄河流域及以南各地；东亚、中亚及非洲也有。

主要用途 供绿化观赏；嫩叶、花可食；花药用，具有解郁安神、滋阴补阳、理气开胃、活络止痛等功效。

附种 **山合欢**（山槐）***A. kalkora***，羽片2～4(6)对，叶柄近基部及羽片轴最顶1对小叶下各具1枚腺体；小叶5～14对，小叶片长圆形或长圆状卵形，长2～4cm，中脉稍偏于上侧；花丝上部白色，稀淡粉红色。见于除市区外全市各地；常生长于向阳山坡、溪沟边疏林中及荒山上。

山合欢

279 含羞草

学名 **Mimosa pudica** Linn.　　属名 含羞草属

形态特征　一年生草本，高约50cm。全株密布毛和刺；多分枝，枝披散。二回羽状复叶，互生；羽片通常4枚，指状排于叶柄顶端，每羽片具小叶14～48枚，有敏感性；小叶片条状长圆形，8～13mm×1.3～2mm，先端短渐尖，基部稍不对称，两面疏生刺毛。头状花序圆球形，直径约1cm，单生或2、3生于叶腋，具长的总花梗；花小；花萼漏斗状；花冠淡红色，花瓣4，基部连合成钟状。荚果扁平，长1～2cm，具3～5荚节。花果期5—10月。

地理分布　原产于热带美洲。全市各地常盆栽。

主要用途　供观赏；全草和根药用，具清热解毒、止咳化痰、利湿通络等功效。

（二）云实亚科 Caesalpinioideae

280 龙须藤

学名 **Bauhinia championii** (Benth.) Benth.　属名 羊蹄甲属

形态特征　常绿木质藤本。小枝、叶背、花序被锈色短柔毛，老枝有明显棕红色小皮孔；卷须不分枝。单叶互生，纸质或厚纸质；叶片卵形、长卵形或卵状椭圆形，3～10cm×2.5～6.5(9)cm，先端2裂，稀不裂，裂片先端渐尖，基部心形至圆形，掌状脉5或7；叶柄长1～2.5cm，纤细。总状花序1个与叶对生，或数个聚生于枝顶；花小，花萼钟状；花冠白色，具瓣柄。荚果厚革质，椭圆状倒披针形或带状，长5～10cm，扁平。花期6—9月，果期8—12月。

分布与生境　见于象山；生于海岸山坡岩缝或灌丛中。产于浙江东部沿海地区和中部以南各地；分布于华东、华中、华南、西南；印度尼西亚、越南、印度也有。

主要用途　浙江省重点保护野生植物。根和老藤药用，有活血散淤、祛风活络、镇静止痛等功效；供垂直绿化。

281 云实

学名 **Caesalpinia decapetala** (Roth) Alston　　**属名** 云实属

形态特征　落叶攀援藤本。全体散生倒钩状皮刺，叶腋上方具芽数个。幼枝、幼叶均被脱落性褐色或灰黄色短柔毛，老枝红褐色。二回羽状复叶，互生；羽片3～10对，对生；小叶7～15对；小叶片长圆形，9～25mm×6～12mm，两端圆钝，稍偏斜，全缘；小叶柄极短。总状花序顶生，直立，长13～25(35)cm；花序轴密被短柔毛；花梗顶端具关节；萼筒短，萼片5；花冠黄色，花瓣5，均具短瓣柄，上方1枚较小而位于最内面。荚果长圆形，长6～12cm，扁平，脆革质，栗褐色，腹缝线具宽约3mm的狭翅，具种子6～9粒。种子棕褐色，椭球形。花期4—5月，果期9—10月。

分布与生境　见于除市区外全市各地；生于山坡灌丛中、溪沟边及平原路边、宅旁等处。产于全省各地；分布于秦岭以南及河北等地；亚洲热带及非洲、美洲也有。

主要用途　种子药用，具有解毒除湿、止咳化痰等功效；常作绿篱栽培；在其树干内蛀食的天牛科幼虫俗称“斗米虫”，民间用于治疗小儿疳积、筋骨痛、小儿初生不乳。

附种　**春云实** ***C. vernalis***，常绿藤本；全体密被锈色绒毛和较密倒钩刺；小叶片卵状披针形、卵形或椭圆形；荚果斜长圆形，木质，肥厚，腹缝线无翅，具种子1或2粒；种子斧形。见于余姚、北仑、鄞州、奉化、宁海、象山；生于沟谷灌丛中、疏林下或岩石旁。

春云实

282 紫荆 满条红

学名 **Cercis chinensis** Bunge 属名 紫荆属

形态特征 落叶灌木或小乔木，高达15m，栽培多呈丛生灌木状。小枝无毛，具明显皮孔，不曲折。单叶互生；叶片近圆形，6～14cm×5～14cm，先端急尖或骤尖，基部心形，幼叶下面有疏柔毛，老叶无毛；叶柄略带紫色，两端显著膨大。花多数簇生于老枝和主干上，紫红色或粉红色，先叶开放；花梗纤细，长6～10mm。荚果薄革质，带状，长5～14cm，先端稍收缩而有弯曲短喙，基部渐狭，沿腹缝线具宽约1.5mm的窄翅，具明显网纹。种子深褐色，光亮，扁球形。花期4—5月，果期7—8月。

地理分布 全省西北部及定海、上虞、景宁等地偶见野生；分布于我国南北各地。全市各地常见栽培。

主要用途 供庭院、公园绿化观赏；树皮、木材、花药用，具清热解毒、活血行气、消肿止痛等功效。

附种1 紫叶加拿大紫荆 *C. canadensis* **'Forest Pansy'**，乔木，主干短，常呈多茎干大灌木；叶暗红色。原产于北美洲。慈溪及市区有栽培。

附种2 黄山紫荆 *C. chingii*，小枝曲折，与主干几垂直或略下垂，先端常棘刺状；叶片卵形、宽卵形或肾形，下面脉腋有黄褐色柔毛；荚果厚革质，大刀状，先端具粗直长喙，腹缝线无翅。见于奉化；生于低海拔丹霞地貌向阳山坡灌丛中。

附种3 湖北紫荆 *C. glabra*，乔木；叶片下面无毛或基部脉腋间常有簇生柔毛；总状花序短，总轴长0.5～1cm；荚果狭长圆形，紫红色，先端渐尖，基部圆钝，通常二缝线不等长，背缝线稍长，向外弯拱。慈溪、余姚、镇海、奉化有栽培。

紫叶加拿大紫荆

黄山紫荆

湖北紫荆

283 山皂荚

学名 **Gleditsia japonica** Miq. 属名 皂荚属

形态特征 落叶乔木，高达25m。枝刺粗壮，常分枝，基部以上略扁，基部至近中部最宽。一或二回羽状复叶，互生；羽片2～6对；小叶3～10对；小叶片长圆形至卵状披针形，2～7cm×1～3cm，二回羽状复叶上的小叶片显著较小，先端圆钝，有时微凹，基部宽楔形或圆形，微偏斜，全缘或具波状疏圆齿，上面网脉不明显。穗状花序，腋生或顶生；花单性，雌雄同株或异株；花黄绿色。荚果带状，长20～35cm，扁平，镰形弯曲或不规则扭曲，常具泡状隆起，无毛，腹缝线于种子间略缢缩。花期4—6月，果期8—11月。

分布与生境 见于慈溪、余姚、北仑、鄞州、宁海、象山；生于向阳山坡或谷地、溪边、路旁。产于杭州、绍兴、台州及衢江等地；分布于华北、华东、华中及辽宁等地；朝鲜半岛及日本也有。

主要用途 枝刺、种子药用，具祛痰开窍、活血祛淤、消肿等功效；嫩叶、种仁可食；供绿化观赏。

附种 皂荚 *G. sinensis*，枝刺中部以上圆锥形；一回羽状复叶；小叶上面网脉明显凸起，边缘具细锯齿；荚果肥厚，劲直或略弯曲，腹缝线无缢缩。慈溪、余姚、北仑、鄞州、奉化等地有栽培。

皂荚

284 肥皂荚

学名 **Gymnocladus chinensis** Baill. 属名 肥皂荚属

形态特征 落叶乔木，高达20m。无枝刺。树皮灰褐色，具明显白色皮孔；小枝被脱落性锈色或白色短柔毛；叶柄下芽，叠生。二回偶数羽状复叶，互生；羽片3～6(10)对，在叶轴上对生、近对生或互生；小叶16～24(30)，互生，有时近对生；小叶片长圆形或卵状长圆形，1.5～4cm×1～2.2cm，两端圆钝，先端有时微凹，基部稍斜。总状花序顶生；花杂性异株；花萼具5裂齿，萼筒漏斗状；花冠白色或带紫色。荚果肥厚，长椭球形，长7～14cm，顶端有短喙，无毛，有种子2～4粒。花期4—5月，果期8—10月。

分布与生境 见于鄞州；生于山坡疏林中。产于杭州、衢州、台州、丽水及安吉、上虞、婺城、乐清、泰顺；分布于华东、华中、西南及广东、广西。

主要用途 果药用，具有祛痰、止咳等功效；荚果富含皂素，为优良的制皂原料；种仁可食，并可榨油；供绿化观赏。

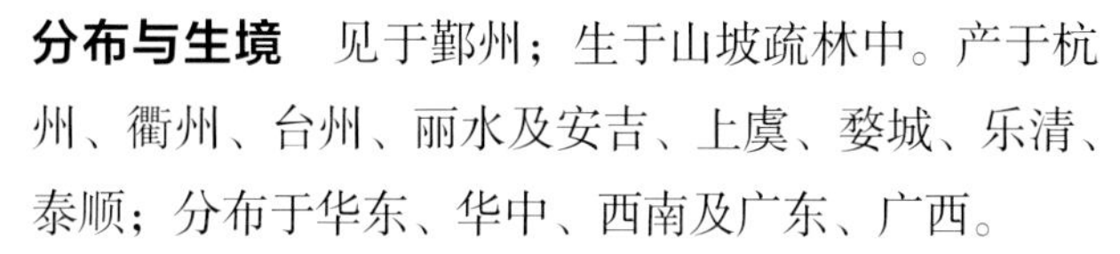

285 双荚决明

学名 **Senna bicapsularis** (Linn.) Roxb.　　**属名** 番泻决明属

形态特征　落叶灌木，高达3m。无毛。偶数羽状复叶，互生；小叶3或4对；小叶片倒卵形或倒卵状长圆形，2.5～3.5cm×1.5cm，先端圆钝，基部渐狭，偏斜，侧脉纤细，在近边缘处网结；最下方1对小叶间有1黑褐色棒状钝头腺体。总状花序常集成伞房花序状，花鲜黄色；雄蕊10，7枚能育（其中3枚特大，高出花瓣）。荚果圆柱状，长13～17cm。花期5—6月和9—12月，果期10月至翌年3月。

地理分布　原产于美洲热带地区。全市各地均有栽培。

主要用途　供绿化观赏，也可作绿篱。

附种1　**伞房决明*S. corymbosa***，常绿灌木；小叶片椭圆状披针形，先端短渐尖。原产于阿根廷。全市各地均有栽培。

附种2　**黄槐决明*S. surattensis***，幼枝、叶轴、叶柄、叶背、花序轴均被柔毛；小叶7～9对；最下方2或3对小叶间及叶柄上部具棍棒状腺体2或3枚；雄蕊10枚全部能育。原产于印度。慈溪、鄞州、宁海、象山及市区有栽培。

伞房决明

黄槐决明

286 豆茶决明

学名 **Senna nomame** (Makino) T.C. Chen　　属名 番泻决明属

形态特征 一年生草本，高30～60cm。茎直立或稍披散，基部常木质化，分枝或单一，密被脱落性淡黄色曲柔毛。偶数羽状复叶，互生，小叶8～30对；托叶条状披针形，有明显脉纹；小叶片条形或条状披针形，5～9mm×1～1.5mm，先端急尖或稍圆钝，有小尖头，基部宽楔形，略偏斜。花1～3朵腋生；萼片5，披针形；花瓣黄色；雄蕊(3)4(5)。荚果扁平，带状，长3～6cm，顶端有短喙，被毛。花期8—9月，果期9—10月。

分布与生境 见于余姚、镇海、北仑、鄞州、奉化、宁海、象山；生于山坡路边、溪谷沟旁及林下草丛中。产于全省各地；分布于华东、华北、东北、华中、西南；朝鲜半岛及日本也有。

主要用途 全草药用，具有清热利尿、润肠通便等功效。

287 望江南

学名 **Senna occidentalis** (Linn.) Link　　属名 番泻决明属

形态特征　一年生草本，高 80～150cm。茎直立，基部木质化，幼枝具棱，近无毛。偶数羽状复叶，互生，小叶 6～10；近叶柄基部内侧有 1 腺体；托叶膜质，早落；小叶片卵形至卵状披针形，2.5～7.5cm×1～2.5cm，先端渐尖，基部宽楔形或圆形，顶端 2 枚基部偏斜，具缘毛。总状花序伞房状，顶生或腋生；花少数；萼片不等大；花瓣黄色；雄蕊 10，上方 3 枚匙形，不育；花柱卷曲。荚果带状镰形，压扁，长 9～13cm。花期 8—9 月，果期 9—10 月。

地理分布　原产于热带美洲。奉化、象山有归化；生于滩地、旷野或低丘林缘；宁海有栽培。

主要用途　种子、茎叶药用，具清肝、和胃、消肿解毒等功效；种子有毒。

附种　**槐叶决明 *S. sophera***，小叶 8～14，小叶片先端急尖；荚果圆筒形，膨胀，长 7～9cm。原产于热带亚洲。鄞州、奉化、宁海、象山及市区有栽培。

槐叶决明

288 决明

学名 **Senna tora** (Linn.) Roxb.　　属名 番泻决明属

形态特征　一年生草本，高 50～150cm。全体被短柔毛。茎直立，基部木质化。偶数羽状复叶，互生，小叶 4～8；在最下面两小叶间有 1 钻形腺体；托叶条形，早落；小叶片倒卵形或倒卵状长椭圆形，1.5～6.5cm×0.8～3cm，先端圆钝，有小尖头，基部渐狭，偏斜，具缘毛。花通常 2 朵腋生，总花梗极短；萼片 5，不等大；花瓣黄色；能育雄蕊 7，花药大，呈四方形。荚果条形，长 15～24cm，纤细，微弯，顶端具长喙。花期 6—9 月，果期 10 月。

地理分布　原产于热带美洲。慈溪、北仑、宁海有栽培，鄞州及市区有归化。

主要用途　种子药用，具清肝明目、利水通便等功效。

（三）蝶形花亚科 Papilionoideae

289 合萌

学名 **Aeschynomene indica** Linn. 属名 合萌属

形态特征 一年生草本，高30～100cm。茎直立，圆柱形，无毛。偶数羽状复叶，互生，小叶40～60；托叶膜质，披针形，基部耳状；小叶片条状长椭圆形，3～8mm×1～3mm，先端钝，具小尖头，基部圆形，仅具1脉，无小叶柄。总状花序腋生，有2～4花；总花梗疏生刺毛，与花梗均有黏性；花萼上唇2裂，下唇3裂；花冠黄色，具紫纹，旗瓣近圆形，无瓣柄；雄蕊二体。荚果条状，长1～3cm，稍扁平，具4～10节，成熟时逐节脱落。花期7—8月，果期9—10月。

分布与生境 见于全市各地；生于湿地、溪沟旁及田埂边。产于全省各地；除草原、荒漠外，全国均有分布。

主要用途 全草药用，具清热利湿、消肿解毒等功效；优良绿肥；种子有毒。

290 紫穗槐

学名 **Amorpha fruticosa** Linn.　　属名 紫穗槐属

形态特征　落叶灌木，高达4m。小枝灰褐色，嫩枝密被短柔毛，后光滑。奇数羽状复叶，互生，小叶11～25；小叶片卵形或长椭圆形，1.5～4cm×0.6～1.5cm，先端圆钝或微凹，有1短而弯曲尖刺，基部圆形，幼时疏生油腺点；具托叶和小托叶。总状花序穗状，集生于枝条上部，密被短柔毛，花密集；萼齿钝三角形，比萼筒短；花冠蓝紫色或紫褐色，仅具旗瓣，无翼瓣和龙骨瓣。荚果深褐色，顶端有小尖头，表面有腺点状小瘤点。花期5—6月，果期7—9月。

地理分布　原产于美国东部。除市区外的全市各地均有栽培。

主要用途　耐旱耐涝，耐瘠薄及轻度盐碱，为优良固土护坡及绿肥植物，也可观赏；叶药用，具祛湿消肿等功效；也可作饲料植物和蜜源植物。

291 三籽两型豆 两型豆

学名 **Amphicarpaea edgeworthii** Benth. 属名 两型豆属

形态特征 一年生缠绕草本。全株密被倒向淡褐色粗毛。茎纤细。三出复叶，互生；托叶狭卵形，有显著脉纹，宿存；顶生小叶片菱状卵形或宽卵形，2～6cm×1.8～5cm，先端钝，有小尖头，基部圆形或宽楔形，两面密被贴伏毛；侧生小叶片偏卵形，略小，几无柄，小托叶钻形。总状花序具3～7花；无瓣花常单生于分枝基部，子房伸入地下结实；有瓣花花冠白色或淡紫色，旗瓣倒卵形，翼瓣椭圆形，龙骨瓣具瓣柄。荚果镰状，长2～2.5cm，扁平，沿腹缝线被长硬毛；种子3粒，无瓣花结实者种子1粒。花期9—10月，果期10—11月。

分布与生境 见于除市区外全市各地；生于山坡灌丛、林缘及路边杂草丛中。产于全省各地；分布于华东、华北、东北、华中、西南及陕西等地；东北亚及印度、越南也有。

主要用途 块根药用，具消肿止痛之功效。

292 土圞儿

学名 **Apios fortunei** Maxim.　　属名 土圞儿属

形态特征　多年生缠绕草本。块根宽椭圆形或纺锤形。茎细长，被倒向短硬毛。奇数羽状复叶，互生，小叶 3～5(7) 枚；托叶条形；顶生小叶片卵圆形至卵状披针形，4～10cm×2～6cm，先端渐尖或尾状，有短尖头，基部圆形或宽楔形，两面有糙伏毛；侧生小叶片通常斜卵形，稍小。总状花序；苞片和小苞片被短硬毛，早落；花萼钟形，具明显脉纹，萼齿 5，上方 2 枚合生，最下方 1 齿最长；花冠淡黄绿色，有时带紫晕；旗瓣宽倒卵形，翼瓣最短，龙骨瓣最长，先端弯曲，后旋卷；雄蕊二体。荚果条形，长 5～8cm，被短柔毛。花期 6—7 月，果期 9—10 月。

分布与生境　见于慈溪、余姚、北仑、鄞州、奉化、宁海、象山；生于山坡灌丛中、疏林下。产于全省山区、半山区和近海各岛屿；分布于长江以南各地；日本也有。

主要用途　块根药用，具消肿解毒、祛痰止咳等功效；供垂直绿化观赏。

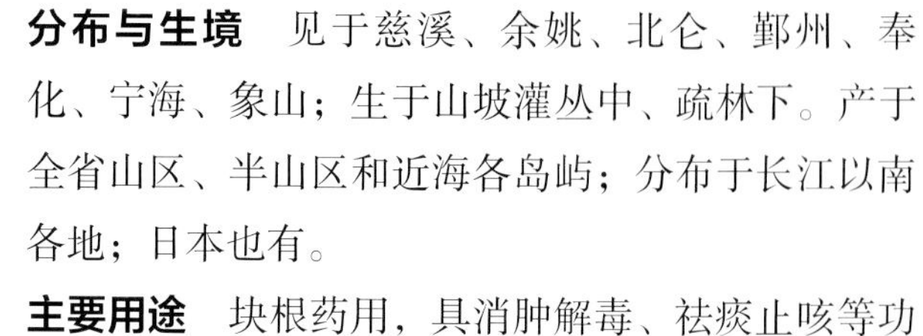

293 落花生 花生

学名 **Arachis hypogaea** Linn.　　属名 落花生属

形态特征　一年生草本，高 20～70cm。全体被毛，根部有根瘤。茎具棱，基部匍匐。偶数羽状复叶，互生，小叶 2 对，托叶条状披针形，部分与叶柄合生；小叶片长圆形至倒卵形，2～4cm×1.3～2.5cm，先端圆钝或急尖，基部近圆形，全缘，具睫毛。花单生或数朵聚生于叶腋；花萼与花托合生成托管，呈花梗状，长达 2.5cm；萼齿二唇形；花冠黄色，旗瓣近圆形，龙骨瓣先端具喙。荚果于地下成熟，革质，长圆状柱形，长 1～5cm，具网纹。花期 5—7 月，果期 9—10 月。

地理分布　原产于南美洲。全市各地普遍栽培。

主要用途　种子供食用，亦为重要食用油原料；叶、种仁、种皮（花生衣）药用，具悦脾和胃、润肺化痰、滋养调气、利尿止血等功效。

紫云英

学名 **Astragalus sinicus** Linn.　　属名 黄耆属

形态特征 二年生草本，高 10～40cm。全体疏被白色伏毛。茎纤细，基部匍匐。奇数羽状复叶，互生，小叶 7～13；托叶离生，卵形；小叶片倒卵形或宽椭圆形，6～15mm×4～10mm，先端圆钝或微凹，基部宽楔形，具短柄。总状花序缩短，具 7～10 花，聚生于总花梗顶端，呈头状；总花梗长于叶，花梗长 1～2mm；萼齿披针形，与萼筒近等长；花冠红紫色；旗瓣倒卵形，翼瓣较短，龙骨瓣钝头，均具瓣柄；雄蕊二体。荚果条状柱形，长 1.5～2.5cm，先端具短喙，黑色，具隆起网纹。花期 3—5 月，果期 4—6 月。

地理分布 原产于华东、华中、西南及广东、广西、陕西、甘肃、河北等地。全市各地均有栽培。

主要用途 绿肥和饲料作物，嫩梢亦供食用；蜜源植物；全草、种子药用，具清热解毒、利尿消肿、活血明目等功效。

295 网络崖豆藤 昆明鸡血藤

学名 **Callerya reticulata** (Benth.) Schot　　属名 崖豆藤属（鸡血藤属）

形态特征　半常绿木质藤本。小枝黄褐色，无毛。奇数羽状复叶，互生，小叶5～9；托叶钻形，基部距突明显；小叶片革质，卵状椭圆形、长椭圆形或卵形，2.5～12cm×1.5～5cm，先端钝或微凹，基部圆形，叶面平整，网脉明显，两面无毛。圆锥花序顶生，下垂；花萼钟状，萼齿短，具缘毛；花冠红紫色或玫瑰红色，无毛；雄蕊二体。荚果条状长圆形至倒披针状长圆形，长达16cm，扁平，无毛，先端具喙，熟时开裂，果瓣木质，扭曲。花期6—8月，果期10—11月。

分布与生境　见于除市区外全市各地；生于山坡、沟谷林缘、疏林下、灌丛中。产于全省山区、半山区；分布于华东、华中、华南、西南及陕西；越南也有。

主要用途　根、茎药用，具活血补血、疏经通络等功效；供观赏。

附种　**香花崖豆藤 *C. dielsiana***，常绿木质藤本；小叶5，叶面常波皱，叶缘反卷；旗瓣及荚果均密被锈色绒毛。见于慈溪、余姚、镇海、北仑、鄞州、奉化、宁海、象山；生于山坡、山谷、沟边林缘或灌丛中。

香花崖豆藤

296 荒子梢

学名 **Campylotropis macrocarpa** (Bunge) Rehd.　属名 荒子梢属

形态特征　落叶小灌木，高1～2m。幼枝密被白色或淡黄色短柔毛，具纵棱。三出复叶，互生；小叶片长圆形或宽椭圆形，先端微凹或圆钝，具小尖头，基部圆形，下面被淡黄色短柔毛，细脉明显，顶生小叶片3～6.5cm×1.5～4cm，侧生小叶稍小。总状花序，有时为圆锥花序，腋生或顶生；花梗纤细，具关节，花自关节处脱落；苞片及小苞片脱落，每苞腋具1花；花萼宽钟状，萼齿三角形；花冠红紫色、粉红色，旗瓣先端紫色，向基部渐淡，翼瓣基部具耳，龙骨瓣镰形。荚果斜椭圆形，网纹明显，具1粒种子。花期6—8(10)月，果期9—11月。

分布与生境　见于除市区外全市各地；生于山坡、沟谷灌丛中、林缘、疏林下。产于全省各地；分布于华北、华东、华中、西南、西北及广西、辽宁；朝鲜半岛也有。

主要用途　全草药用，主治风寒感冒、发热无汗、肢体麻木等症；也可供水土保持和观赏。

297 刀豆 蔓性刀豆

学名 **Canavalia gladiata** (Jacq.) DC.　　属名 刀豆属

形态特征 一年生缠绕草本，长达4m。三出复叶，互生；叶柄长3～10cm；顶生小叶片宽卵形，8～15cm×5～12cm，先端渐尖，基部宽楔形至近圆形，两面近无毛；侧生小叶片偏斜。总状花序腋生，数朵聚生于总轴中部以上的瘤结上；花梗极短，小苞片卵形，早落；花萼二唇形，不等大；花冠白色或淡紫色，旗瓣宽椭圆形，先端凹，基部具不明显的耳及瓣柄，翼瓣狭窄，龙骨瓣弯曲。荚果带状，长15～40cm，宽约5cm，略弯曲，边缘具隆起的脊。花期7—9月，果期10月。

地理分布 原产于热带美洲。余姚、鄞州、奉化、宁海、象山有栽培。

主要用途 嫩荚和种子供食用；荚壳、种子药用，具补肾散寒、健脾和胃等功效。

298 海刀豆 狭刀豆

学名 **Canavalia lineata** (Thunb. ex Murr.) DC.　　属名 刀豆属

形态特征　多年生草质藤本，长达3m。茎粗壮，稍木质化，疏被脱落性倒伏短毛。三出复叶，互生；托叶卵形，长4～5cm，早落；小叶片倒卵形、宽椭圆形或近圆形，5～10cm×4.5～8cm，先端圆、截平或微凹，基部近圆形（侧生小叶片基部稍偏斜），两面疏被毛。总状花序腋生，具1～3花；花萼钟状，萼齿二唇形；花冠粉红色，旗瓣近圆形，先端微凹，基部具2附属体，翼瓣镰状长椭圆形，龙骨瓣钝，均具瓣柄。荚果长椭球形，长5～6cm，宽2～3cm，先端具喙，背缝具3条隆起的纵肋。花果期6—11月。

分布与生境　仅见于象山；生于海岛沙滩、石滩内侧或山坡灌草丛中。产于温州、台州各沿海地区及嵊泗、普陀；分布于我国东南部至南部沿海；东亚、东南亚也有。

主要用途　花繁色艳，可供观赏及滨海沙滩绿化。

299 锦鸡儿

学名 **Caragana sinica** (Buc′hoz) Rehd.　　属名 锦鸡儿属

形态特征 落叶灌木，高1～2m。小枝黄褐色或灰色，有棱，无毛。羽状复叶，互生，小叶4，上方一对通常较大；托叶三角状披针形，先端和叶轴先端均硬化成针刺；小叶片革质或硬纸质，倒卵形、倒卵状楔形或长圆状倒卵形，1～3.5cm×5～15mm，先端圆或微缺，通常具短尖头，基部楔形或宽楔形。花单生叶腋；花萼钟状，萼齿宽三角形；花冠黄色带红色，凋谢时红褐色，旗瓣狭倒卵形，翼瓣长圆形，龙骨瓣先端钝；花梗中部有关节。荚果稍扁，长3～3.5cm。花期4—5月，果期5—8月。

分布与生境 见于慈溪、奉化、象山；生于山坡、沟谷及灌丛中，各地有栽培。产于全省各地；分布于华东、华中、西南及甘肃、广西、河北、辽宁、陕西；朝鲜半岛也有。

主要用途 供观赏或做绿篱；根皮、花药用，具滋阴、和血、健脾等功效；也可食用。

300 香槐

学名 **Cladrastis wilsonii** Takeda 属名 香槐属

形态特征 落叶乔木，高达16m。树皮灰褐色。幼枝灰绿色，二年生枝红褐色，无毛；叶柄下芽，芽叠生，被棕黄色卷曲柔毛。奇数羽状复叶，互生；小叶9～11；无托叶和小托叶；小叶片膜质，长椭圆形或长圆状卵形，8～12cm×3～5cm，先端急尖，下面灰白色。圆锥花序顶生或腋生；花萼钟状，密被短毛，萼齿5，三角形，近等大；花冠白色，翼瓣、龙骨瓣先端略带粉红色。荚果带状，长4.5～18cm，扁平，无翅，被黄褐色短柔毛。花期6—7月，果期9—10月。

分布与生境 见于余姚、北仑、鄞州、宁海；生于海拔500m以上的向阳山坡林中。产于全省各地；分布于华东、华中、西南及陕西。

主要用途 根、果药用，具祛风止痛等功效；供观赏。

附种 **翅荚香槐 *C. platycarpa***，小叶片7～9，下面黄绿色；具小托叶；荚果两缝线均具狭翅。见于余姚；生于山谷、山坡疏林中。

翅荚香槐

301 野百合 农吉利

学名 **Crotalaria sessiliflora** Linn. **属名** 猪屎豆属

形态特征 一年生草本，高20～100cm。茎直立，基部常木质化，被淡黄褐色丝质长糙毛。单叶互生；叶片形状变异较大，条形、披针形或长圆形，2～7.5cm×0.2～1cm，先端急尖，基部略狭窄成短柄或近无柄，下面密被绢毛，中脉尤密；托叶极小。总状花序；苞片与小苞片线形；花萼长约1cm，果时增长至1.5cm；花冠淡蓝色或淡紫色，旗瓣倒卵形，翼瓣长椭圆形，龙骨瓣有长喙；雄蕊单体，花药异型。荚果长圆形，长1～1.3cm，无毛，外面包围增大的宿萼。花期9—10月，果期9—12月。

分布与生境 见于余姚、北仑、鄞州、宁海、象山；生于向阳林缘、矮草丛中及裸岩旁。产于全省山区、半山区及沿海各地；分布于华北、华东、华中、华南、西南及辽宁；东南亚、南亚、太平洋诸岛、朝鲜半岛及日本也有。

主要用途 全草及种子药用，具清热解毒、消肿止痛、破血除淤等功效；供观赏。

附种 **大托叶猪屎豆 *C. spectabilis***，叶片倒披针状长圆形或长倒卵状椭圆形，5～12cm×2～5.8cm；托叶大，叶状，宽卵形，长达1cm；苞片叶状，宽卵形，长6～8mm，宿存；花冠大，明显伸出花萼外，黄色或紫色；荚果长3.5～4.5cm。原产于印度。余姚有栽培，宁海有归化。

大托叶猪屎豆

302 黄檀

学名 **Dalbergia hupeana** Hance　**属名** 黄檀属

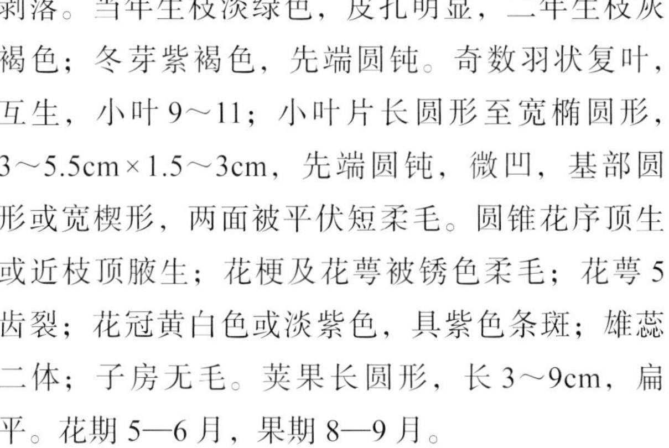

形态特征　落叶乔木，高达17m。树皮呈薄片状剥落。当年生枝淡绿色，皮孔明显，二年生枝灰褐色；冬芽紫褐色，先端圆钝。奇数羽状复叶，互生，小叶9～11；小叶片长圆形至宽椭圆形，3～5.5cm×1.5～3cm，先端圆钝，微凹，基部圆形或宽楔形，两面被平伏短柔毛。圆锥花序顶生或近枝顶腋生；花梗及花萼被锈色柔毛；花萼5齿裂；花冠黄白色或淡紫色，具紫色条斑；雄蕊二体；子房无毛。荚果长圆形，长3～9cm，扁平。花期5—6月，果期8—9月。

分布与生境　见于除市区外全市各地；生于山坡、沟谷林中、林缘或灌丛中。产于全省各地；分布于长江流域及以南各地。

主要用途　供园林观赏；珍贵树种；根皮药用，具清热解毒、止血消肿等功效。

附种　**南岭黄檀 *D. assamica***，小叶13～17(21)；圆锥花序腋生；花冠白色，子房具毛；荚果椭圆形，长6～13cm。产于台州、丽水、温州及永康；分布于华南、西南及福建等地。慈溪、江北、北仑、鄞州有栽培。

南岭黄檀

303 香港黄檀

学名 **Dalbergia millettii** Benth.　　属名 黄檀属

形态特征　落叶藤状攀援灌木。小枝常弯曲成钩状，主干和大枝具明显纵沟及棱，具粗壮枝刺。奇数羽状复叶，互生，小叶25～35；小叶片长圆形，6～16mm×2.8～3.8mm，两端圆形至平截，先端有时微凹；托叶脱落。圆锥花序腋生；苞片和小苞片宿存；花小；花萼钟状，5齿裂，不等大；花冠白色，旗瓣倒卵状圆形，先端微缺，翼瓣长圆形，龙骨瓣斜长圆形。荚果狭长圆形，长3.5～5.5cm，具网纹。花期6—7月，果期8—9月。

分布与生境　见于慈溪、余姚、镇海、北仑、鄞州、奉化、宁海、象山；生于山坡、沟谷疏林中、林缘或灌丛中。产于绍兴、衢州、金华、台州、丽水、温州及淳安；分布于江西、福建、湖南、广东、广西、四川。

主要用途　叶药用，具清热解毒等功效；供断面、边坡绿化；枝干制手杖。

304 假地豆

学名 **Desmodium heterocarpon** (Linn.) DC. **属名** 山蚂蝗属

形态特征 落叶小灌木或半灌木，高0.3～1.5m。茎直立或平卧，被伏毛和开展毛，老时渐疏。三出复叶，互生；顶生小叶片椭圆形、长椭圆形或倒卵状椭圆形，2～6cm×1.3～3cm，先端圆钝或微凹，基部圆形或宽楔形，下面被白色伏毛，侧生小叶较小；托叶宿存，三角状披针形；小托叶丝状。总状花序，总花梗密被淡黄色开展钩状毛；花萼钟状，萼齿三角状披针形；花冠紫红色或蓝紫色，旗瓣宽倒卵形，翼瓣倒卵形，龙骨瓣极弯曲；雄蕊二体。荚果条形，长1～2.5cm，扁平，被钩状毛。花期7—9月，果期9—11月。

分布与生境 见于慈溪、余姚、北仑、奉化、宁海、象山；生于山坡草地、水旁、灌丛或疏林中。产于除嘉兴外全省各地；分布于长江以南各地。

主要用途 全草药用，具清热解毒、消肿止痛等功效；供观赏。

305 小叶三点金

学名 **Desmodium triflorum** (Linn.) DC.　属名 山蚂蝗属

形态特征　半灌木，高0.3～1.5m。茎平卧，有时稍直立，纤细，红褐色。三出复叶，稀单叶，互生；顶生小叶片椭圆形或倒卵形，2～10(15)mm×1～5(7)mm，先端圆形或钝，有时微凹，具小尖头，基部浅心形，下面被白色伏毛；侧生小叶片明显较小；托叶披针形，有缘毛；叶柄长1～5mm，单小叶的叶柄长3～10mm。总状花序，花稀疏；花萼浅钟状，萼齿狭披针形；花冠粉红色或淡紫色，旗瓣宽卵形，翼瓣先端圆钝，基部具瓣柄和耳，龙骨瓣与翼瓣近等长；雄蕊二体。荚果扁平，长8～16mm，两面被细钩状毛，两缝线在荚节间缢缩成牙齿状。花期7—8月，果期9—10月。

分布与生境　见于慈溪、余姚、北仑、鄞州、奉化、宁海、象山；生于灌木林或荒地草丛中。产于除嘉兴外全省各地；分布于长江以南各地。

主要用途　根或全草药用，具清热解毒、止咳、祛痰等功效。

306 毛野扁豆

学名 **Dunbaria villosa** (Thunb.) Makino　属名 野扁豆属

形态特征　多年生缠绕草本。植株各部均有锈色腺点。茎细弱，具棱，密被倒向短柔毛。三出复叶，互生；顶生小叶片近扁菱形，1.3～3cm×1.5～3.5cm，先端骤突尖或急尖而钝，基部圆形至截形，两面疏被极短柔毛；侧生小叶片较小，斜宽卵形。总状花序腋生；花萼钟状；花冠黄色，旗瓣肾形，翼瓣与旗瓣近等长，龙骨瓣极弯曲，稍短。荚果条形，长4～5cm，扁平，先端具喙，密被短毛及锈色斑点。花期8—9月，果期9—11月。

分布与生境　见于慈溪、余姚、镇海、北仑、鄞州、奉化、宁海、象山；生于草丛中或灌木丛中。产于全省各地；分布于华东、华中及广西、贵州；东亚、东南亚、南亚也有。

主要用途　种子药用，具活血、行气、止痛等功效。

307 鸡冠刺桐

学名 **Erythrina crista-galli** Linn.　　**属名** 刺桐属

形态特征　常绿或半落叶小乔木。茎和叶柄疏生皮刺。三出复叶，互生；叶片近革质；小叶片长卵形或披针状长椭圆形，7～10cm×3～4.5cm，先端钝，基部近圆形；总叶柄疏生钩刺，小叶柄基部具杯状腺体。花与叶同出，总状花序顶生，每节具1～3花；花深红色，长3～5cm，稍下垂或与花序轴成直角；花萼钟状，先端二浅裂；花瓣极不相等，旗瓣大，翼瓣极小，龙骨瓣合生。荚果长约15cm，褐色，种子间缢缩。花期7—10月，果期9—11月。

地理分布　原产于巴西。全市各地均有栽培。

主要用途　花美丽，供观赏。

308 大豆 黄豆

学名 **Glycine max** (Linn.) Merr. 属名 大豆属

形态特征 一年生草本，高60～150cm。全体密被开展棕褐色长硬毛。茎粗壮，直立或上部稍蔓生。三出复叶，互生；托叶卵形；顶生小叶片菱状卵形，7～13cm×3～6cm，先端渐尖，基部宽楔形或圆形；侧生小叶片较小，斜卵形。总状花序腋生；花萼钟状，萼齿5，披针形；花冠紫色、淡紫色或白色，旗瓣倒卵形，基部渐狭成瓣柄，翼瓣具耳和瓣柄，龙骨瓣斜倒卵形，具短瓣柄。荚果椭球形，长2～7cm，稍弯，有种子2～5粒。种子黄色、青绿色、棕色或黑色。花期4—9月，果期5—10月。

地理分布 原产于我国。全市各地广泛栽培。

主要用途 重要油料和粮食作物；茎、叶、豆渣、豆饼为优质饲料及肥料；黑大豆经发酵加工的淡豆豉，具解表除烦、滋阴补肾、去毒散结等功效。

309 野大豆

学名 **Glycine soja** Sieb. et Zucc.　属名 大豆属

形态特征　一年生缠绕草本。茎纤细，密被棕黄色倒向伏贴长硬毛。三出复叶，互生；托叶宽披针形；顶生小叶片卵形至卵状披针形，2.5～8cm×1～3.5cm，先端急尖，基部圆形，两面密被伏毛；侧生小叶片较小，基部偏斜。总状花序腋生，花萼钟形，萼齿5，披针状钻形；花冠淡紫色，稀白色，旗瓣近圆形，翼瓣倒卵状长椭圆形，龙骨瓣较短，基部一侧有耳。荚果条形，长1.5～3cm，扁平，稍弯曲，密被硬毛，具种子2～4粒。花期6—9月，果期9—10月。

分布与生境　见于全市各地；生于向阳山坡林缘、灌丛中或路边、田边草丛中。产于全省各地；分布于东北、华北、华东、华中、西北；东北亚也有。

主要用途　国家Ⅱ级重点保护野生植物。大豆育种材料；全草、种子药用，具健脾益肾、清肺解毒、止血等功效。

310 细长柄山蚂蝗 长果柄山蚂蝗

学名 **Hylodesmum leptopus** (A. Gray ex Benth.) H. Ohashi et R.R. Mill. 属名 长柄山蚂蝗属

形态特征 落叶小灌木或半灌木，高 0.5～1.2m。常有纺锤形块根。茎直立，被柔毛。三出复叶，互生，4 至多数聚生于茎上部；叶柄长 5～15cm；顶生小叶片卵形或卵状披针形，5～15cm×3～8cm，先端渐尖或短尾尖，基部楔形或宽楔形，叶脉具疏柔毛；侧生小叶片略小，斜卵形。总状花序顶生或从茎基部抽出，花稀疏；花萼钟状，萼齿短，宽三角形；花冠粉红色，旗瓣近圆形，翼瓣和龙骨瓣长圆形，有柄。荚果长 3.5～5cm，背缝线深凹几达腹缝线，具 2～4 荚节，荚节半菱形，密被小钩状毛；果梗连果颈长 20～25mm。花期 8 月，果期 9—10 月。

分布与生境 见于宁海、象山；生于山谷、山坡疏林下或灌草丛中。产于台州、丽水、温州及淳安、诸暨、开化、江山、东阳；分布于华东、华中、华南、西南；东南亚及日本也有。

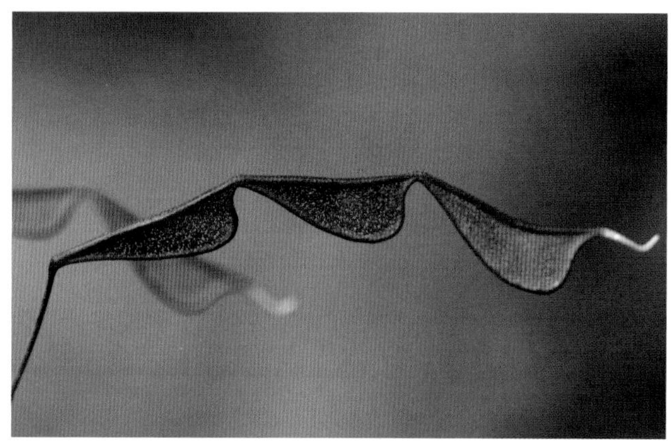

311 羽叶长柄山蚂蝗 羽叶山蚂蝗

学名 **Hylodesmum oldhamii** (Oliv.) H. Ohashi et R.R. Mill. **属名** 长柄山蚂蝗属

形态特征 半灌木，高0.5～1.5m。茎直立，嫩枝被黄色短柔毛，后几无毛。奇数羽状复叶，互生，小叶5～7；叶柄长5～10cm；顶生小叶片椭圆状披针形或披针形，4～10cm×2～4cm，先端渐尖，基部楔形或钝，两面被毛；侧生小叶片较小。圆锥花序顶生，花稀疏；花萼钟状，萼齿三角形；花冠粉红色，旗瓣倒卵形或倒卵状椭圆形，翼瓣和龙骨瓣长圆形，均具耳和短瓣柄。荚果长2～3cm，通常具2荚节，背缝线深凹几达腹缝线，半菱形至斜三角形，密被钩状短柔毛；果梗连果颈长16～26mm。花期8—9月，果期9—10月。

分布与生境 见于余姚、奉化；生于山坡疏林下或灌草丛中。产于全省山区、半山区；分布于东北、华东、华中、西南及河北、陕西。东北亚也有。

主要用途 根及全草药用，具祛风活血、利尿、杀虫等功效。

312 长柄山蚂蝗 圆菱叶山蚂蝗

学名 **Hylodesmum podocarpum** (DC.) H. Ohashi et R.R. Mill. 属名 长柄山蚂蝗属

形态特征 落叶小灌木或半灌木，高0.5～1m。三出复叶，互生，常聚生茎中上部，近枝顶更密；叶柄长2～13cm；顶生小叶片圆菱形，(2)4～7cm×(2)3.5～6cm，先端骤急尖，基部宽楔形，两面疏生短柔毛；侧生小叶片略小，基部稍偏斜。圆锥花序顶生，稀总状花序腋生；花萼钟状，萼齿短，宽三角形；花冠紫红色，旗瓣近圆形，翼瓣和龙骨瓣具瓣柄。荚果长12～16mm，背缝线深凹几达腹缝线，通常具2荚节，两面被短钩状毛；果梗连果颈长9～12mm，通常膝状弯曲。花期7—8月，果期9—10月。

分布与生境 见于余姚、北仑、鄞州、奉化、宁海、象山；生于向阳山坡、疏林下或路边草丛中。产于全省山区、丘陵；分布于长江流域及以南、华北；东亚、东南亚、南亚也有。

主要用途 根及全草药用，具发表散寒、破淤消肿、健脾化湿等功效。

附种1 宽卵叶长柄山蚂蝗 subsp. ***fallax***，叶通常全部聚生或近聚生于枝顶，顶生小叶片宽卵形，3.5～12cm×2.5～8cm，先端渐尖或尾尖；果柄长7～10mm。见于余姚、北仑、鄞州、奉化、宁海、象山；生于疏林下或林缘灌草丛中。

附种2 尖叶长柄山蚂蝗 subsp. ***oxyphyllum***，茎常分枝；叶在枝上多散生，稀聚生，顶生小叶片长卵形或椭圆状菱形，4～8cm×2～3cm，先端渐尖，尖头钝，基部楔形，两面通常无毛或近无毛；果柄长1～3mm。见于慈溪、余姚、北仑、鄞州、奉化、宁海、象山；生于山坡、溪沟边、路边、林缘灌草丛中。

宽卵叶长柄山蚂蝗

尖叶长柄山蚂蝗

313 河北木蓝 马棘

学名 **Indigofera bungeana** Walp. 属名 木蓝属

形态特征 落叶灌木，高 0.6～1.5m。茎圆柱形，有皮孔，被灰白色“丁”字形毛。羽状复叶长 3.5～5.5cm；叶柄长达 1cm，叶轴上面有槽，与叶柄均被灰白色平贴毛；托叶三角形，早落；小叶 7～11，对生；小叶片椭圆形至椭圆状倒卵形，1～2cm×0.5～1cm，先端圆钝，基部圆形，上面绿色，下面苍绿色，两面被白色“丁”字形毛。总状花序腋生；花萼萼齿近相等，三角状披针形；花冠淡红色或紫红色，旗瓣倒阔卵形，翼瓣与龙骨瓣等长，龙骨瓣具长距。荚果圆柱形，长 2.5～5cm，被毛。花期 (6)7—8 月，果期 9—11 月。

分布与生境 见于除市区外全市各地；生于山坡林缘及灌丛中。产于全省山区、丘陵；分布于华北、华东、华中、西南、西北及广西、辽宁；朝鲜半岛及日本也有。

主要用途 根及全草药用，具清热解表、活血祛淤等功效；供边坡、断面绿化观赏。

314 庭藤

学名 **Indigofera decora** Lindl.　　属名 木蓝属

形态特征　落叶灌木，高 0.4～1m。茎圆柱形，分枝有棱。奇数羽状复叶，互生；小叶 7～13，对生或下部偶互生；叶轴扁平或圆柱形；小叶片变异大，卵状椭圆形、卵状披针形、长圆状披针形至披针形，2～7cm×1～3.5cm，先端渐尖或急尖，稀圆钝，具小尖头，基部楔形或宽楔形，下面被平贴白色“丁”字形毛。总状花序；萼齿 5，三角形，短于萼筒；花冠粉红色，稀白色，旗瓣椭圆形，翼瓣与龙骨瓣近等长，有矩及瓣柄。荚果圆柱形，长 3～7cm，近无毛。花期 5—8 月，果期 7—10 月。

分布与生境　见于余姚、北仑、鄞州、奉化、宁海、象山；生于溪边、沟谷旁疏林下、林缘或灌草丛中。产于全省山区、半山区；分布于安徽、福建、广东；日本也有。

附种　**宁波木蓝** var. ***cooperi***，小叶 13～23，互生或对生；叶轴明显具槽；萼齿近披针形，常与萼筒等长。见于余姚、北仑、宁海、象山；生于山坡或溪边、路旁灌丛中。模式标本采自宁波。

宁波木蓝

315 华东木蓝

学名 **Indigofera fortunei** Craib　　属名 木蓝属

形态特征　落叶小灌木，高0.3～0.8m。茎灰褐色或灰色，分枝具棱；茎、总花梗、荚果均无毛。奇数羽状复叶，互生；小叶7～15，对生；小叶片宽卵形、卵形或卵状椭圆形，1.5～3(5.5)cm×0.8～2.5(3)cm，先端圆钝或急尖，有时微凹，具小尖头，基部圆形或宽楔形，背面中脉及边缘疏生脱落性“丁”字形毛，网状细脉明显。总状花序长8～15cm；花萼斜杯状，萼齿三角形，长仅0.5mm；花冠紫红色或粉红色，旗瓣倒宽卵形，翼瓣与龙骨瓣近等长或稍短，有瓣柄及短距。荚果圆柱形，长3～4.5cm。花期4—5月，果期6—11月。

分布与生境　见于慈溪、余姚、北仑、鄞州、宁海、象山；生于山坡疏林下或灌丛中。产于湖州、杭州、绍兴、台州、温州及开化等地；分布于华东、华中及陕西。

主要用途　供观赏；根及根状茎药用，具清热解毒、消肿止痛等功效。

附种　**光叶木蓝 *I. neoglabra***，小叶5～7；小叶片卵形、菱状卵形或椭圆形，长3.5～8cm，先端急尖或短渐尖；花序长达24cm；萼齿三角状钻形，最下方萼齿长达2mm。见于余姚、宁海、象山；生于山坡路旁。

光叶木蓝

316 浙江木蓝

学名 **Indigofera parkesii** Craib　　**属名** 木蓝属

形态特征　落叶灌木或半灌木，高 0.3～0.6m。茎直立，有时基部呈匍匐状，与分枝常被开展多节卷毛。奇数羽状复叶，互生，小叶 (5)9～13；小叶片宽卵形、卵形、椭圆形至披针形，顶生小叶倒卵形，1.3～3(5)cm×1～3cm，先端圆形或急尖，基部楔形至近心形，两面被毛，网状细脉均明显。总状花序长 3～13cm，短于复叶；总花梗长 1.5cm；萼齿不等长，披针形；花冠淡紫色，稀白色，旗瓣倒卵状椭圆形，长 1.1～1.3cm，翼瓣略短，龙骨瓣与旗瓣近等长。荚果圆柱形，长 3～4.7cm，无毛。花期 7—8 月，果期 9—10 月。

分布与生境　见于慈溪、余姚、镇海、北仑、鄞州、奉化、宁海、象山；生于山坡疏林、灌丛中、沟谷边或岩石旁。产于全省山区、半山区；分布于华东。

主要用途　供园林观赏；花可食。

附种　**长总梗木蓝** ***I. longipedunculata***，小叶 5～7(9) 枚，4～7cm×2～3.7cm；总状花序长 15～25cm，长于复叶；总花梗长达 7cm；花冠长 1.4～1.5cm；花期 5 月。见于余姚、鄞州、奉化、宁海；生于山坡疏林中或路旁。模式标本采自宁波。

长总梗木蓝

317 鸡眼草

学名 **Kummerowia striata** (Thunb.) Schindl. 属名 鸡眼草属

形态特征 一年生草本，高10～30cm。茎披散或平卧，分枝纤细，直立，茎和分枝被下向白色长柔毛。三出复叶，互生；托叶狭卵形，宿存；小叶片倒卵状长椭圆形、长椭圆形或倒卵形，5～15mm×3～8mm，先端圆钝，有小尖头，基部宽楔形，两面沿中脉及边缘有长柔毛，侧脉密而平行。花1～3朵腋生；小苞片4，具5～7脉；花萼长3～4mm，萼齿5；花冠淡红色，旗瓣宽卵形，翼瓣长圆形，龙骨瓣半卵形，均具瓣柄，有时退化成无瓣花。荚果宽卵形，长约4mm，先端有尖喙。花期7—9月，果期9—11月。

分布与生境 见于全市各地；生于路旁、田边、溪旁或缓山坡草地。产于全省各地；分布于全国各地；东北亚也有。

主要用途 全草药用，具利尿通淋、解热止痢等功效。

附种 长萼鸡眼草（短萼鸡眼草）***K. stipulacea***，茎及分枝有上向白色长柔毛，毛易脱落；小叶片倒卵形，有时为倒卵状长圆形，先端常微凹；小苞片3，具1～3脉；花萼长1～1.5mm；荚果宽椭圆形，无尖喙。产地、生境同“鸡眼草”。

长萼鸡眼草

318 扁豆

学名 **Lablab purpureus** (Linn.) Sweet 属名 扁豆属

形态特征 一年生缠绕草本。茎淡绿色或淡紫色，无毛。三出复叶，互生；顶生小叶片三角状宽卵形，长6～12cm，长宽近相等，先端渐尖、尾尖或急尖，基部近截形，全缘，疏被毛；侧生小叶片斜卵形或斜三角状宽卵形。总状花序腋生，每节着生2～5花；花萼钟状；花冠白色或红紫色，旗瓣基部两侧附属体下延为耳，翼瓣宽，具截平的耳，龙骨瓣具囊状附属体，具喙，弯曲成直角。荚果长圆状镰形，长6～9cm，扁平，顶端有下弯的喙。花期7—9月，果期9—10月。

地理分布 原产于非洲。全市各地广泛栽培，有'红扁豆''白扁豆'等品种。

主要用途 嫩荚食用；白色种子、花药用，具健脾和中、消暑化湿等功效。

319 海滨香豌豆 海滨山黧豆

学名 **Lathyrus japonicus** Willd. 属名 山黧豆属

形态特征 多年生滨海草本，高20～60cm。茎基部稍匍匐，分枝曲折上升，具棱。偶数羽状复叶，互生；小叶6～10(12)；叶轴顶端小叶退化为1～3歧卷须；托叶大，叶状，斜卵形或三角状箭形；小叶片宽椭圆形或长椭圆形，1.5～3cm×0.8～2cm，先端钝，具小尖头，基部楔形或宽楔形。总状花序具2～5花；花萼钟状，萼齿披针形；花冠紫色，长1.8～2.2cm，具深色脉纹。荚果条状长圆形，长4.5～6.5cm，顶端具尖喙，表面有明显网纹。花期4—6月，果期6—8月。

分布与生境 见于北仑、鄞州、宁海、象山；生于大陆海岸及海岛沙滩潮上带。产于舟山、台州、温州等沿海地区；分布于江苏至辽宁沿海；亚洲、欧洲及美洲温带地区海岸广布。

主要用途 浙江省重点保护野生植物。种子可食用；嫩茎叶可作野菜或饲料；花繁色艳，供绿化观赏。

附种 毛山黧豆 *L. palustris* var. *pilosus*，茎、叶下面被毛；小叶片6～8，条形或条状披针形；托叶半箭头形。见于北仑、鄞州；生于山坡林缘及灌丛中。

毛山黧豆

320 胡枝子

学名 **Lespedeza bicolor** Turcz.　　属名 胡枝子属

形态特征 直立落叶灌木，高0.7～2m。小枝黄褐色或暗褐色，有棱，幼时被短柔毛。三出复叶，互生；小叶片卵形、倒卵形或卵状长圆形，顶生小叶1.5～5cm×1～3cm，先端圆钝或微凹，稀稍尖，具小尖头，基部圆形或宽楔形，下面被短柔毛。总状花序腋生，长于复叶，枝顶常成圆锥花序；花萼杯状，萼齿三角形或卵状三角形，通常短于萼筒；花冠红紫色，旗瓣倒卵形，长9～10mm，翼瓣较短，龙骨瓣等长或稍短于旗瓣。荚果斜卵形或斜倒卵形，长约1cm，具网脉。花期7—9月，果期9—10月。

分布与生境 见于除市区外全市各地；生于山坡疏林下、路旁、空旷地灌丛中。产于全省各地；分布于东北、华北、华东、华中、西北及广东、广西；东北亚也有。

主要用途 茎叶药用，具润肺清热、利水通淋等功效；供观赏。

附种 **春花胡枝子** ***L. dunnii***，小叶片下面被长柔毛；总状花序通常短于复叶；萼齿条状披针形，长为萼筒的2～3倍；荚果长圆形或倒卵状长圆形；花期4～5月，果期6～9月。见于余姚、北仑、鄞州、奉化、宁海、象山；生于海拔500m以下向阳山坡、溪边灌丛、石缝中。

春花胡枝子

321 中华胡枝子

学名 **Lespedeza chinensis** G. Don　　属名 胡枝子属

形态特征 落叶小灌木，直立或披散，高0.4～1m。小枝被白色短伏毛。三出复叶，互生；顶生小叶片长椭圆形、倒卵状长圆形、卵形或倒卵形，1～3.5cm×0.3～1.2cm，先端圆钝、截形或微凹，具小尖头，边缘稍反卷；侧生小叶片较小。总状花序腋生，短于复叶；花萼狭钟状，长约为花冠的1/2，先端渐尖；花冠白色或淡黄色，旗瓣倒卵状椭圆形，基部具瓣柄和耳，翼瓣狭长圆形，稍短，龙骨瓣长于旗瓣；下部枝条叶腋具闭锁花。荚果卵圆形，长约4mm，表面有网纹，密被短柔毛。花期8—9月，果期10—11月。

分布与生境 见于除市区外全市各地；生于山坡林缘、疏林下或路旁灌草丛中。产于全省各地；分布于华东、华中及广东、四川等地。

主要用途 根及全草药用，具有清热止痢、祛风止痛等功效。

附种 **短叶胡枝子** ***L. mucronata***，落叶半灌木，茎直立；小叶片倒卵形或倒心形，1～2cm×1～1.3cm；花萼长超过花冠的1/2，先端有芒尖；荚果卵形至宽卵形。见于象山；生于海岛或沿海山坡灌草丛中。

短叶胡枝子

322 截叶铁扫帚

学名 **Lespedeza cuneata** (Dum. Cours.) G. Don **属名** 胡枝子属

形态特征 半灌木，高 0.5～1m。枝具纵棱，被短柔毛。三出复叶，互生；叶密集，具短柄；顶生小叶片条状楔形，1～3cm×2～5mm，先端截形或圆钝，微凹，具小刺尖，基部楔形，下面密被伏毛。总状花序显著短于叶，具 (1)2～4 花；花萼狭钟状，萼齿披针形；花冠淡黄色或白色，旗瓣倒卵状长圆形，基部有紫斑，翼瓣与旗瓣近等长，龙骨瓣先端带紫色；具闭锁花。荚果宽卵形或斜卵形，长约 3mm。花期 6—9 月，果期 10—11 月。

分布与生境 见于除市区外全市各地；生于山坡、路边、林隙及空旷地。产于全省各地；广布于除东北外的全国各地；东亚、东南亚、南亚也有；北美及澳大利亚有归化。

主要用途 全草药用，具有清热解毒、利湿消积等功效。

323 大叶胡枝子

学名 **Lespedeza davidii** Franch.　属名 胡枝子属

形态特征　落叶灌木，高 1～3m。老枝具木栓翅，小枝较粗壮，具明显纵棱，枝、叶、果密被柔毛。三出复叶，互生；小叶片宽椭圆形、宽倒卵形或近圆形，3.5～9(11)cm×2.5～6(7)cm，先端圆钝或微凹，基部圆形或宽楔形。总状花序腋生，枝顶常成圆锥花序，花密集；花萼宽钟状，萼齿狭长，花冠紫红色。荚果斜披针形、卵形、倒卵形或椭圆形，长 0.8～1.2cm。花期 7—9 月，果期 9—11 月。

分布与生境　见于慈溪、余姚、北仑、鄞州、奉化、宁海、象山；生于向阳山坡疏林下或沟边、路旁灌草丛中。产于全省山区、半山区；分布于长江以南各地。

主要用途　根、叶药用，具解表宣肺、通经活络等功效；供观赏；供断面、边坡等瘠薄地绿化。

拟绿叶胡枝子 宽叶胡枝子

学名 **Lespedeza maximowiczii** Schneid. 属名 胡枝子属

形态特征 落叶灌木，高达2m。老枝淡褐色，具黄色皮孔，幼枝被白色疏柔毛；芽单生或2、3个并生于叶腋。三出复叶，互生；顶生小叶片卵状椭圆形，2～6cm×1.4～3.5cm，先端渐尖，基部宽楔形或圆形，两面被伏贴短柔毛；侧生小叶略小。总状花序腋生，在枝顶常呈圆锥状；花萼钟状，萼齿先端硬化成针状；花冠紫红色，旗瓣长圆状倒卵形，淡紫色，具圆形紫斑，翼瓣较短，紫红色，龙骨瓣淡紫色，中部以下近白色。荚果倒卵形或卵状椭圆形，长8～9mm。花期8—9月，果期9—11月。

分布与生境 见于余姚、北仑、鄞州、奉化、宁海、象山；生于山坡林缘、灌丛中或路边。产于杭州及安吉、上虞、衢江；分布于华东、华中；朝鲜半岛及日本也有。

附种 **绿叶胡枝子** ***L. buergeri***，芽单生叶腋；小叶片上面无毛，下面有伏贴长粗毛；萼齿先端不硬化成针状；花冠黄绿色或黄白色；花期4—6月。见于余姚、宁海；生于向阳山坡、沟谷、路旁灌丛中或林缘。

绿叶胡枝子

325 铁马鞭

学名 **Lespedeza pilosa** (Thunb.) Sieb. et Zucc. 属名 胡枝子属

形态特征 半灌木，高达0.8m。全株密被长柔毛。茎细长，披散；三出复叶，互生；顶生小叶片宽卵形或倒卵形，0.8～2.5cm×0.6～2.2cm，先端圆钝、截形或微凹，有小尖头，基部圆形或宽楔形，两面密被长柔毛；侧生小叶明显较小。总状花序腋生，通常有花3～5朵；总花梗和花梗均极短，簇生状；花萼5深裂，萼齿披针形；花冠黄白色或白色，旗瓣椭圆形或倒卵形，基部有紫斑，翼瓣较短，龙骨瓣稍长；闭锁花1～3簇生于上部叶腋，几无梗。荚果宽卵形，长3～4mm，先端具喙。花期7—9月，果期9—10月。

分布与生境 见于慈溪、余姚、北仑、鄞州、奉化、宁海、象山；生于向阳山坡、路旁、田边草丛中或疏林下。产于全省丘陵山区；分布于长江流域及以南各地；朝鲜半岛及日本也有。

主要用途 根及全株药用，具益气安神、活血止痛、利尿消肿、解毒散结等功效。

326 绒毛胡枝子

学名 **Lespedeza tomentosa** (Thunb.) Sieb. ex Maxim.　**属名** 胡枝子属

形态特征　落叶灌木或半灌木，高 1～2m。全体被黄色或黄褐色绒毛。三出复叶，互生；顶生小叶片狭长圆形、长圆形或卵状长圆形，1.5～6cm×0.5～2.5cm，先端圆钝，有时微凹，有小尖头，上面中脉凹陷，疏被短柔毛或无毛，下面密被黄褐色绒毛或柔毛，叶缘稍向下反卷；侧生小叶片较小。总状花序腋生，或在枝顶成圆锥花序，具 10 花以上，显著长于复叶；花萼浅杯状，5 深裂，萼齿狭披针形；花冠白色或淡黄色，旗瓣椭圆形，翼瓣较短，龙骨瓣较长；闭锁花簇生成头状。荚果倒卵形或卵状长圆形，先端有短尖，密被伏贴柔毛。花期 7—8 月，果期 9—10 月。

分布与生境　见于慈溪、余姚、北仑、奉化、宁海、象山；生于向阳山坡、路旁灌丛中或林缘；产于全省山区、半山区；广布于除新疆、西藏外全国各地。

主要用途　供绿化观赏；根、叶药用，具清热、镇咳等功效。

附种　**细梗胡枝子** ***L. virgata***，小灌木，高 25～80cm，小枝纤细；小叶片仅背面被白色伏毛，顶生小叶片 0.4～2cm×0.3～1.2cm；总状花序具 (2)4～6(8) 花；总花梗纤细如丝；荚果无毛或疏被毛。见于慈溪、余姚、北仑、宁海、象山；生于山坡及路边灌草丛中。

细梗胡枝子

327 多叶羽扇豆

学名 **Lupinus polyphyllus** Lindl.　　属名 羽扇豆属

形态特征　多年生草本，高达100cm。茎直立，分枝成丛，全株无毛或上部被稀疏柔毛。掌状复叶，互生，小叶(5)9～15(18)；叶柄远长于小叶；托叶披针形，下半部连生于叶柄；小叶片椭圆状倒披针形，(3)4～10(15)cm×1～2.5cm，先端圆钝至锐尖，基部楔形。总状花序远长于复叶；花多而稠密；花萼二唇形，密被伏贴绢毛；花冠蓝色至堇青色，旗瓣反折，龙骨瓣喙尖。荚果长圆形，长3～5cm，密被绢毛。花期3—6月，果期6—10月。

地理分布　原产于北美洲。镇海、北仑、鄞州及市区等地有栽培。

主要用途　花色丰富，供观赏。

328 马鞍树

学名 **Maackia hupehensis** Takeda 属名 马鞍树属

形态特征 落叶乔木，高5～23m。树皮暗灰绿色，常呈菱形浅裂。奇数羽状复叶，互生，小叶9～13；小叶片纸质，卵形、卵状椭圆形或椭圆形，2～6cm×1.2～3cm，先端渐尖至短渐尖，基部圆形，下面被平伏长柔毛。圆锥花序，长达15cm，花密集；花长约10mm；花萼钟状，被绒毛；花冠白色或淡黄色，旗瓣圆形，长约6mm，先端凹，龙骨瓣半箭形。荚果长椭圆形至条形，长3～8cm，扁平，腹缝线有2～4mm宽翅，无细长果颈。种皮黄色。花期6—7月，果期8—9月。

分布与生境 见于余姚；生于山坡或溪谷边林中。产于全省山区；分布于安徽、江西、湖北、湖南、四川、陕西。

主要用途 早春嫩叶被银白色长柔毛，十分醒目，可供绿化观赏。

附种 **光叶马鞍树** ***M. tenuifolia***，灌木；小叶5；花长18～20mm；荚果微弯成镰状，几无翅，具细长果颈；种皮红色。见于鄞州；生于山坡疏林下、林缘或灌丛中。模式标本采自宁波。

光叶马鞍树

329 天蓝苜蓿

学名 **Medicago lupulina** Linn.　　属名 苜蓿属

形态特征　二年生草本，高20～60cm。全株被柔毛。茎多分枝，铺散，上部稍斜升。三出复叶，互生；托叶斜卵状披针形，基部贴生在叶柄上；小叶片宽倒卵形、圆形或长圆形，7～17mm×4～14mm，先端圆或微凹，基部宽楔形，上端边缘具细齿。总状花序短，花密集，10～15朵；花萼长约1.5mm，萼齿条状披针形；花冠黄色，长1.5～2mm，旗瓣倒卵形，翼瓣与龙骨瓣等长。荚果弯曲成肾形，长2～3mm，具明显网纹，无刺。花期4—5月，果期5—6月。

分布与生境　见于全市各地；生于河岸、路边、田野及林缘草丛中。产于全省各地；分布于我国南北各地；欧亚大陆广布。

主要用途　嫩茎叶作野菜，也可作绿肥及饲料；全草药用，具清热利湿、凉血止血、舒筋活络等功效。

附种　**南苜蓿** ***M. polymorpha***，茎叶近无毛；总状花序具1～8花，花冠长约4mm；荚果旋卷，有刺。原产于印度。全市各地均有归化；生于山坡、溪边、路旁及旷野。

南苜蓿

330 紫苜蓿

学名 **Medicago sativa** Linn.　　属名 苜蓿属

形态特征　多年生宿根草本，高 30～100cm。根粗壮。茎直立或稍匍匐，近无毛。三出复叶，互生；托叶大，斜卵状披针形；小叶片倒披针形或倒卵状长圆形，1.5～3cm×4～11mm，先端圆钝，基部宽楔形，上端边缘具细齿，下面被贴伏长柔毛。总状花序，具 8～25 花；花萼长 4～5mm，萼齿狭披针形；花冠紫色，旗瓣倒卵形，翼瓣和龙骨瓣较短。荚果旋卷，顶端有尖喙，被毛。花期 4—5 月，果期 6—7 月。

地理分布　原产于欧洲及伊朗。全市各地均有栽培，余姚、鄞州有归化。

主要用途　可作牧草与绿肥；嫩叶可食。

331 黄香草木樨 草木樨

学名 **Melilotus officinalis** (Linn.) Pall.　　属名 草木樨属

形态特征 二年生草本，高 50～200cm。全株有香气。茎直立，具棱纹，无毛。三出复叶，互生；托叶镰状条形，与叶柄合生；小叶片椭圆形、长椭圆形至倒披针形，1～2.5cm×5～12mm，先端圆钝，基部楔形，边缘具细齿，下面疏被伏贴毛，侧脉伸至齿端。总状花序腋生；花萼长 1.5～2.5mm，萼齿披针形，与萼筒近等长；花冠黄色，长约 5mm，旗瓣近长圆形，翼瓣与龙骨瓣具耳及细长瓣柄。荚果倒卵形或卵球形，长约 3mm，略扁平，先端具短喙，表面有网纹。花期 5—7 月，果期 8—9 月。

地理分布 原产于欧洲。全市各地有归化；生于较潮湿海滨及旷野中。

主要用途 全草药用，具清热解毒、化湿和中、杀虫等功效；嫩茎叶可食；做绿肥及饲料。

332 宁油麻藤

学名 **Mucuna lamellata** Wilmot-Dear 属名 油麻藤属

形态特征 落叶半木质缠绕藤本。茎常被稀疏短硬毛。三出复叶，互生，薄纸质；顶生小叶片宽卵形，8～12cm×4～8cm，下面疏被脱落性短刚毛，先端渐尖，具长约4mm的尖头，基部圆或稍楔形；侧生小叶片斜卵形，稍小。总状花序，有时成圆锥花序，腋生，花密集；花萼宽钟状，外面疏被浅棕色长粗毛，内面密被白色短柔毛；花冠紫色，旗瓣长约3cm，翼瓣和龙骨瓣近等长，长约5cm。荚果条状长圆形或半圆形，扁平，有时略弯曲，果瓣有薄片状斜翅，被棕黄色针状刺毛。花期4—5月，果期9—10月。

分布与生境 见于北仑、鄞州、奉化；生于山坡、沟边林中、灌丛中。产于安吉、临安、淳安、诸暨、天台、衢江等地；分布于华东及湖北、广东、广西。

主要用途 种子去毒后可做豆腐食用。

333 常春油麻藤

学名 **Mucuna sempervirens** Hemsl. 属名 油麻藤属

形态特征 常绿木质藤本。茎具明显纵沟。三出复叶，互生；叶柄长5.5～12cm；小叶片革质，全缘，边缘呈波状；顶生小叶片卵状椭圆形或椭圆状长圆形，7～13cm×3～6cm，先端渐尖，基部圆楔形，上面深绿色，有光泽，下面浅绿色；侧生小叶片基部偏斜。总状花序生于老茎上，花多数；花萼钟状，密被毛；花冠深紫色，长约6.5cm，旗瓣宽卵形，翼瓣卵状长圆形，龙骨瓣具长约4mm的耳，有特殊气味。荚果木质，带形，长达60cm，扁平，被黄锈色毛，种子间略缢缩。花期4—5月，果期9—10月。

分布与生境 见于除市区外全市各地；生于稍荫蔽的山坡、山谷、溪边及岩石旁；各地均有栽培。产于全省丘陵、山区；分布于华东、华中、西南及广东、广西、陕西；日本也有。

主要用途 根、茎皮、种子药用，具活血化淤、舒经活络等功效；块根可提取淀粉；花供观赏。

334 小槐花

学名 **Ohwia caudata** (Thunb.) H. Ohashi　　属名 小槐花属

形态特征　落叶灌木或半灌木，高 0.2～2m。三出复叶，互生；叶柄长 1～3.5cm，两侧具狭翅；小叶片披针形至长椭圆形，2.5～9cm×1～4cm，先端渐尖或尾尖，稀钝尖，基部楔形、宽楔形，稀圆形，上面有光泽。总状花序；花萼狭钟状，5 齿裂，二唇形；花冠绿白色或淡黄白色，旗瓣长圆形，翼瓣狭小，龙骨瓣狭长圆形，与旗瓣均有瓣柄。荚果带状，长 4～8cm，两缝线均缢缩成浅波状；具 4～8 荚节，易折断，密被棕色钩状毛。花期 7—9 月，果期 9—11 月。

分布与生境　见于除市区外全市各地；生于山坡林缘、疏林下或路旁、沟边草地上。产于全省各地；分布于长江流域及以南各地。

主要用途　根或全株药用，具清热解毒、祛风利湿等功效；可作牧草。

335 花榈木

学名 **Ormosia henryi** Prain **属名** 红豆属

形态特征 常绿乔木，高达13m。树皮灰绿色，平滑，有浅裂纹。小枝、叶轴、叶背、叶柄、花序密被黄色绒毛；裸芽。奇数羽状复叶，互生；小叶5～9，革质；小叶片椭圆形、长圆状倒披针形或长椭圆状卵形，6～10(17)cm×2～6cm，先端急尖或短渐尖，基部圆或宽楔形，全缘。圆锥花序或总状花序；花萼钟形，萼筒短，倒圆锥形，萼齿卵状三角形；花冠黄白色，旗瓣近圆形，翼瓣和龙骨瓣倒卵状长圆形。荚果椭球形，长7～11cm，具种子2～7粒，种子间有横隔。种子长8～15mm，种脐长约3mm，种皮鲜红色。花期6—7月，果期10—11月。

分布与生境 见于北仑、鄞州、奉化、宁海、象山；生于山坡、溪谷林中或林缘；各地均有栽培。产于全省山区、丘陵；分布于长江以南各地。

主要用途 国家Ⅱ级重点保护野生植物。珍贵树种；根、根皮、枝、叶药用，具活血化淤、祛风消肿等功效；供园林观赏。

附种 红豆树 *O. hosiei*，叶轴、小叶柄及小叶无毛，小叶片上面光亮；荚果具种子1或2粒，种子间无横隔；种子长1.3～2cm，种脐长8～9mm。江北、鄞州、奉化、宁海、象山及市区有栽培。

红豆树

336 豆薯

学名 **Pachyrhizus erosus** (Linn.) Urb. 属名 豆薯属

形态特征 多年生粗壮缠绕草本。块根纺锤形或扁球形，肉质，与皮部易分离。茎粗壮，常被毛。三出复叶，互生；叶柄长3.5～15cm，托叶披针形；顶生小叶片圆菱形或卵肾形，4～18cm×4～20cm，中部以上不规则浅裂，先端短渐尖，基部近截形；侧生小叶片斜卵形或斜菱形。圆锥花序腋生，被毛，花3～5朵簇生于花序轴隆起的节上；花萼二唇形；花冠浅紫色或淡红色，旗瓣近圆形，翼瓣与龙骨瓣镰形；花柱先端旋卷。荚果条形，长7～13cm，稍扁平，密被糙伏毛。种子近方形，长、宽约7mm。花果期9—10月。

地理分布 原产于热带美洲。鄞州、奉化、宁海、象山有栽培。

主要用途 块根可生食或熟食；块根药用，具消暑生津、降压等功效；种子有毒，可作杀虫剂。

337 菜豆 四季豆

学名 **Phaseolus vulgaris** Linn.　　属名 菜豆属

形态特征　一年生缠绕草本。茎被短柔毛。三出复叶，互生；托叶小，卵状披针形，基部着生；顶生小叶片宽卵形或菱状卵形，4～16cm×3～11cm，先端急尖至渐尖，基部圆形或宽楔形，被短柔毛；侧生小叶片基部偏斜。总状花序，每节常生2花；花萼钟状；花冠白色或淡紫红色，旗瓣扁圆形，翼瓣卵状长圆形，具耳和细长瓣柄；龙骨瓣先端卷曲1～2圈；花柱旋卷。荚果条形，长10～16cm，宽约1cm，略肿胀。种子白色、褐色、红棕色或有斑纹。花果期初夏与晚秋。

地理分布　原产于美洲。全市各地均有栽培。

主要用途　嫩荚供食用；种子药用，具清凉、利尿、消肿等功效。

附种　**红花菜豆 *P. coccineus***，多年生缠绕草本，具块根；托叶椭圆形，基部以上着生；花冠鲜红色；荚果宽1.5～2.5cm；种子近黑色，有红色花纹。原产于美洲热带。全市各地均有栽培。

红花菜豆

338 豌豆

学名 **Pisum sativum** Linn.　　属名 豌豆属

形态特征　一年或二年生攀援草本，高达 2m。茎具 4 棱，全株无毛，常被白粉。偶数羽状复叶，互生，小叶 2～6；叶轴顶端具羽状分枝的卷须；托叶大，叶状，长达 5mm，下部边缘有细牙齿；小叶片宽椭圆形或椭圆形，2～4.5cm×1～2.5cm，先端圆形，基部宽楔形。花单生或 2、3 朵排成腋生总状花序；花萼钟状，萼齿披针形；花冠白色或紫红色，旗瓣大，近圆形，具宽短瓣柄，翼瓣宽倒卵形，稍与龙骨瓣粘连，基部一侧具耳，与龙骨瓣均具瓣柄。荚果近圆筒形，长 5～10cm。种子球形。花果期 4—5 月。

地理分布　全市各地均有栽培。

主要用途　种子、嫩荚及嫩苗均可食用；种子药用，具健脾和胃等功效。

339 葛藤 野葛 葛麻姆

学名 **Pueraria montana** (Lour.) Merr. var. **lobata** (Willd.) Maesen et S.M. Almeida ex Sanjappa et Predeep　属名 葛属

形态特征　落叶大藤本。块根肥厚，圆柱形。茎基部粗壮，木质化，茎节着地生根，小枝密被棕褐色粗毛。三出复叶，互生；托叶卵形至披针形，盾状着生；小叶片全缘，有时浅裂，顶生小叶片菱状卵形，7～15(19)cm×5～12(18)cm，基部圆形，侧生小叶片较小而为斜卵形。总状花序腋生，花萼密被褐色粗毛，萼齿披针形，长于萼筒；花冠紫红色，旗瓣近圆形，翼瓣卵形，龙骨瓣为两侧不对称的长方形。荚果条形，长5～11cm，扁平，密被黄色长硬毛。花期7—10月，果期9—11月。

分布与生境　见于除市区外全市各地；生于山坡草地、沟边、路边或疏林中。产于全省各地；我国除青海、新疆、西藏外，均有分布；东南亚及日本也有；非洲、欧洲及美国有归化。

主要用途　茎皮纤维弹性好、拉力强、耐潮、耐腐蚀，是优良的纤维原料；叶是优质饲料；块根淀粉可食；根、花药用，根具解表退热、生津止渴、升阳止泻等功效；花具解酒醒脾、止渴等功效。

340 鹿藿

学名 **Rhynchosia volubilis** Lour.　　属名 鹿藿属

形态特征　多年生缠绕草本。全株密被棕黄色开展柔毛。三出复叶，互生；叶柄长 1～6cm；托叶膜质，条状披针形，宿存；顶生小叶片圆菱形，2.7～6cm×2.3～6cm，先端急尖或圆钝，基部近截形，下面散生橘红色腺点；侧生小叶较小，常偏斜。总状花序，有时聚生成圆锥状；花萼钟状，密被毛及腺点；花冠黄色，各瓣近等长，均具耳及瓣柄，龙骨瓣先端有长喙。荚果长圆形，红褐色，长约 1.5cm。花期 7—9 月，果期 10—11 月。

分布与生境　见于除市区外全市各地；生于山坡路旁及林缘草丛中。产于全省各地；分布于长江以南各地；朝鲜半岛及日本、越南也有。

主要用途　茎叶药用，具祛风除湿、活血、解毒、消肿止痛、舒筋活络等功效；供观赏。

341 刺槐

学名 **Robinia pseudoacacia** Linn.　　属名 刺槐属

形态特征 落叶乔木，高达25m。树皮褐色，深纵裂。小枝暗褐色，幼时有棱脊；具托叶刺；叶柄下芽。奇数羽状复叶，互生；小叶7～19；小叶片椭圆形、长圆形或宽卵形，2～5.5cm×1～2cm，先端圆形或微凹，有时具小尖头，基部圆形至宽楔形，全缘，下面灰绿色。总状花序腋生，下垂；花萼钟状，具柔毛；花冠白色，芳香，旗瓣基部有2个黄色斑点。荚果条状长圆形，长5～10cm，扁平。花期4—5月，果期7—8月。

地理分布 原产于美国东部。全市各地均有栽培。

主要用途 供观赏；蜜源植物；花药用，具止血等功效。

附种 香花槐 **'Idaho'**，花密集，花冠紫红色。原产于西班牙。全市各地均有栽培。

香花槐

342 田菁

学名 **Sesbania cannabina** (Retz.) Poir.　　属名 田菁属

形态特征　一年生草本，高 2～3m。茎直立，绿色、平滑，微被白粉，幼枝疏被脱落性白色绢毛。偶数羽状复叶，互生，小叶 20～30(40) 对；小叶片条形或条状长圆形，8～25mm×2.5～5mm，先端钝至平截，具小尖头，基部圆形，两侧不对称，下面疏被脱落性绢毛，两面具紫色小腺点。总状花序腋生；花萼钟状，萼齿近三角形；花冠黄色，旗瓣扁圆形，常有紫斑，翼瓣和龙骨瓣均有耳及瓣柄。荚果细圆柱形，长 15～18cm。花果期 7—12 月。

地理分布　可能原产于澳大利亚及西南太平洋群岛。全市各地均有归化；生于水田、水沟等潮湿低地、路旁或盐碱地。

主要用途　绿肥及饲料植物；嫩茎叶可食；作盐碱地生态改良植物；根、叶药用，具清热利尿、凉血解毒等功效。

343 苦参

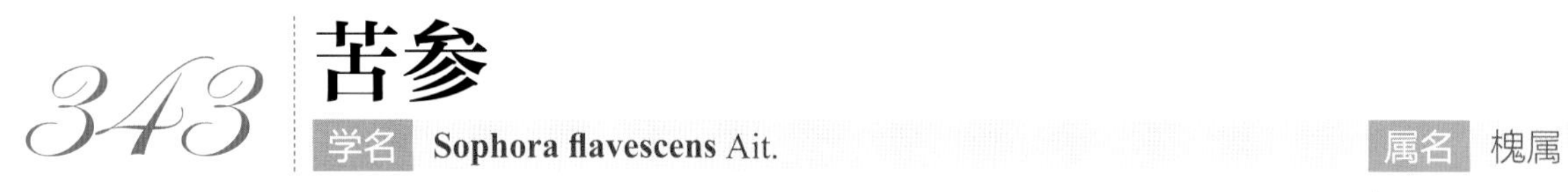

学名 **Sophora flavescens** Ait. 属名 槐属

形态特征 多年生草本或半灌木，高达3m。根圆柱状，外皮黄白色，有刺激性气味，味极苦而持久。奇数羽状复叶，互生，小叶11～35；托叶条形，早落；小叶片披针形、条状披针形、狭卵形、稀椭圆形，3～4cm×1.2～2cm，先端渐尖，基部楔形，下面密被平贴柔毛。总状花序顶生；花萼钟状，偏斜，萼齿短三角形；花冠黄白色，旗瓣匙形，长约12mm，翼瓣和龙骨瓣稍短。荚果革质，条形，长5～10cm，种子间稍缢缩，呈不明显串珠状。花期5—7月，果期7—9月。

分布与生境 见于除市区外全市各地；生于山坡林缘、溪沟边、路旁、田间灌草丛中。产于全省各地；分布于我国南北各地；东北亚及印度也有。

主要用途 根药用，具抗菌消炎、健胃驱虫等功效；种子可作土农药。

344 闽槐

学名 **Sophora franchetiana** Dunn　　属名 槐属

形态特征　常绿灌木，高 1～2m。小枝、叶轴、叶柄、花梗、花萼及荚果均被污黄色或暗褐色短绒毛。奇数羽状复叶，互生，小叶 9～11；小叶片椭圆形至卵状椭圆形，2.5～5.5cm×1.5～2.5cm，先端急尖至渐尖，基部圆形或宽楔形，上面具光泽，下面被锈色伏毛。总状花序顶生；花萼钟形，萼齿短三角形；花冠白色或淡黄色，旗瓣倒卵形，直立，翼瓣和龙骨瓣与旗瓣近等长。荚果椭球形或纺锤形，长 2～3cm，通常具 1 粒种子，偶具 2 或 3 粒种子而呈串珠状。花期 5—6 月，果期 9—10 月。

分布与生境　见于余姚、北仑、奉化、宁海、象山；生于山谷、沟边疏林下或林缘。产于金华及天台、临海、庆元、景宁；分布于江西、福建、湖南、广东；日本也有。

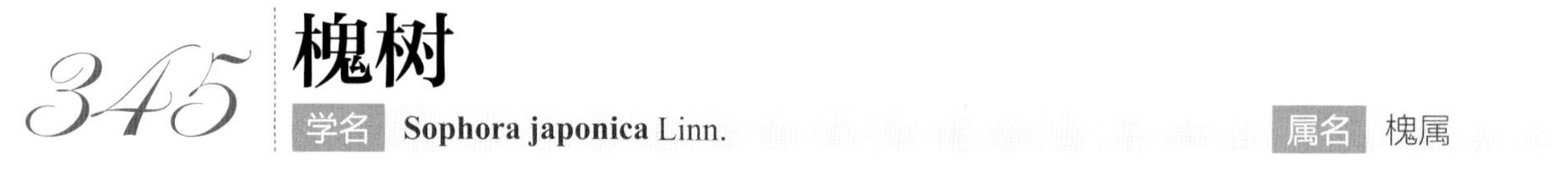

345 槐树

学名 **Sophora japonica** Linn.　　属名 槐属

形态特征 落叶乔木，高达20m以上。树皮灰褐色，具纵裂纹；一、二年生枝绿色，无毛，皮孔明显；叶柄下芽。奇数羽状复叶，互生；托叶形状变异大，早落；小叶7～17；小叶片卵状长圆形或卵状披针形，2.5～7.5cm×1.5～3cm，先端急尖至渐尖，基部宽楔形，下面疏生短柔毛。圆锥花序顶生；花萼浅钟状，萼齿圆形或钝三角形；花冠乳白色或淡黄色，旗瓣宽心形，微有紫色脉纹，翼瓣和龙骨瓣长方形，均具圆钝耳；雌蕊长超过雄蕊的1/2。荚果黄绿色，肉质，串珠状，长2.5～5cm，有种子1～6粒，种子间缢缩部分较短，荚节排列紧密。花期7—8月，果期9—10月。

地理分布 原产于我国。全市各地均有栽培。

主要用途 供绿化观赏；花蕾、花、果实、根皮与树皮、枝叶、树胶药用，具有清肝泻火、散淤止血、祛风杀虫等功效；花、嫩叶可食。

附种1 龙爪槐 'Pendula'，树冠伞状，枝弯曲扭转下垂。全市各地均有栽培。

附种2 金枝国槐 'Golden Stem'，枝干金黄色；幼芽及嫩叶淡黄色，5月转绿黄色，9月后又转黄色。全市各地均有栽培。

附种3 短蕊槐 *S. brachygyna*，翼瓣和龙骨瓣基部具尖锐耳，并具紫色条纹；雌蕊长不达雄蕊的1/2；荚果有种子1～3(4)粒，种子间缢缩部分细长，荚节排列稀疏。见于慈溪、鄞州、奉化、宁海、象山；生于山坡疏林中或路边、宅旁空地。

龙爪槐

金枝国槐

短蕊槐

346 白车轴草 白三叶

学名 **Trifolium repens** Linn. **属名** 车轴草属

形态特征 多年生草本，高30～60cm。茎匍匐，节上生根。掌状三出复叶，互生；叶柄长9～30cm；托叶卵状披针形，膜质，基部贴生于叶柄；小叶片倒卵形、倒心形或宽椭圆形，1.5～4cm×1.2～2.7cm，先端微凹至圆钝，基部宽楔形，边缘有细密锯齿，叶脉明显；叶柄细长，小叶柄极短。头状花序腋生；总花梗长于叶柄；花萼管状，萼齿披针形；花冠白色，旗瓣椭圆形，具短瓣柄，翼瓣稍短，具耳及细瓣柄，龙骨瓣最短，具小耳及瓣柄。荚果倒卵状长圆形，长约3mm。花期3—5月，果期7—8月。

地理分布 原产于欧洲。全市各地均有栽培。

主要用途 供绿化观赏及护堤；优良牧草；蜜源植物；作绿肥；全草药用，具清热、凉血、安神宁心等功效。

附种 **红车轴草**（红三叶）***T. pratense***，茎直立或稍外倾；花序常无总花梗；花冠紫红色，旗瓣舌状。原产于欧洲。全市各地均有栽培。

红车轴草

347 蚕豆

学名 **Vicia faba** Linn. 属名 野豌豆属

形态特征 二年生草本，高50～150cm，茎直立，无毛，具棱。偶数羽状复叶，互生，小叶2～6；托叶半箭头状，边缘有细齿，基部贴生在叶柄上；小叶片椭圆形、宽椭圆形或倒卵状长圆形，3～6cm×2～3.5cm，先端圆钝，具短尖头，基部宽楔形，两面无毛。花1至数朵腋生；花萼钟状，萼齿5，上方2枚短，三角形，下方3枚卵状椭圆形；花冠白色，旗瓣具紫色脉纹，翼瓣白色，中间具黑色斑块，具耳和瓣柄。荚果大，肥厚，长5～12.5cm，被绒毛，内皮白色海绵状。花期3—4月，果期5—6月。

地理分布 原产于亚洲西南部至地中海沿岸。全市各地均有栽培。

主要用途 种子供食用；种子药用，具健脾、利湿等功效。

348 牯岭野豌豆

学名 **Vicia kulingiana** Bailey　属名 野豌豆属

形态特征　多年生草本，高 70～80cm。茎直立，坚硬，多分枝，具棱。偶数羽状复叶，互生，常有小叶 2 对；叶轴顶端卷须不发育，呈小刺毛状；托叶半箭头形或半卵形，8～13mm×3～5mm，全缘或齿裂；小叶片椭圆形、卵状椭圆形至长圆状披针形，2～10.5cm×1～4cm，具小尖头，基部楔形至宽楔形，全缘。总状花序腋生，长于叶轴；花梗基部宿存长 6mm 的叶状苞片；花萼管状，萼齿 5，三角状披针形；花冠紫色、紫红色或蓝色，旗瓣提琴状，翼瓣具耳，龙骨瓣略短，均具细长瓣柄。荚果斜椭球形，长 3.5～4.5cm，两端渐尖，具不明显斜纹。花期 6—8 月，果期 8—10 月。

分布与生境　见于慈溪、余姚、镇海、北仑、鄞州、奉化、宁海、象山；生于山谷、溪边湿地、竹林下及草丛中。产于湖州、杭州、绍兴、台州、金华、丽水；分布于华东、华中。

主要用途　嫩茎叶可食；全草药用，具有清热解毒、止咳等功效。

附种 1　**弯折巢菜** *V. deflexa*，茎呈对称弯折“之”字形上升；小叶 3 或 4 对；小叶片狭长圆形至长圆状披针形；托叶三角形或披针形，3～6mm×1～3mm；总状花序与叶近等长；花梗基部无苞片或早落；花萼近钟形，萼齿甚短，呈微波状；旗瓣长圆形，翼瓣、龙骨瓣近等长。见于余姚、鄞州、奉化；生于山谷、溪边疏林下、林缘灌草丛中。

附种 2　**头序歪头菜** *V. ohwiana*，仅有 1 对小叶片，小叶片宽卵形或近菱形，边缘不规则齿蚀状；叶轴顶端偶见卷须；托叶戟形或近披针形；总状花序缩短，呈头状或丛生状集聚于叶腋，短于叶；萼齿锥状或丝状。见于宁海；生于海拔约 300m 的山坡、山沟灌丛中。为本次调查发现的华东分布新记录种。但本种特征与文献记载略有不同：茎无毛；花萼无毛，萼齿明显短于萼筒。有待进一步观察研究。

弯折巢菜

头序歪头菜

349 大巢菜 救荒野豌豆

学名 **Vicia sativa** Linn. 属名 野豌豆属

形态特征 一年或二年生草本，高20～80cm。茎具棱，疏被黄色短柔毛。偶数羽状复叶，互生，小叶6～14；叶轴顶端卷须有分枝；托叶半箭形，边缘具齿牙；小叶片倒卵状椭圆形或倒披针形，0.7～2.3cm×2～8mm，先端截形或微凹，具短尖头，基部楔形，两面疏生短柔毛。花1或2朵腋生，花长1.2～1.5cm，总花梗极短；花冠紫红色，旗瓣宽卵形，龙骨瓣先端稍弯，与翼瓣均具瓣柄。荚果条形，长3～5cm，扁平，成熟时淡黄色，具种子6～9粒，种子间略缢缩。花期3—6月，果期4—7月。

分布与生境 见于全市各地；生于山坡林缘、沟谷、河滩、旷野草丛及灌丛中。产于全省各地；分布于全国各地；亚洲、欧洲暖温带地区及俄罗斯（西伯利亚）也有。

主要用途 果及嫩茎叶可食；茎叶作饲料及绿肥；全草药用，具清热利湿、活血祛淤等功效。

附种1 **窄叶野豌豆** subsp. ***nigra***，小叶片条形或长圆状条形；花较小；荚果成熟时黑色，种子间不缢缩。见于余姚、北仑；生于山坡林缘、沟谷及灌丛中。

附种2 **小巢菜** ***V. hirsuta***，茎细弱；叶轴顶端卷须有羽状分枝；小叶片较小，3～15mm×1～4mm；总状花序具2～6花，具总花梗；花小，长约3.5mm；花冠淡紫色，稀白色；荚果具种子1或2粒。见于全市各地；生于山沟、河滩、田边或路旁草丛中。

附种3 **四籽野豌豆** ***V. tetrasperma***，茎细弱；小叶片较小，4～5mm×2～4mm，具细长总花梗；总状花序仅具1或2花，花小，长4.5～6mm；花冠淡紫色或蓝紫色；荚果具种子(3)4粒。见于全市各地；生于田边、荒地及草地上。

窄叶野豌豆

小巢菜

四籽野豌豆

350 赤豆

学名 **Vigna angularis** (Willd.) Ohwi et H. Ohashi　　**属名** 豇豆属

形态特征 一年生直立草本，高30～90cm。茎密被开展长硬毛。三出复叶，互生；托叶斜卵形，盾状着生；顶生小叶片卵形或宽卵形，4～10cm×2.5～7cm，先端急尖或渐尖，基部圆形或宽楔形，全缘或浅三裂，两面被微柔毛；侧生小叶片基部偏斜。总状花序腋生；花萼斜钟状，萼齿5，下方3齿较长；花冠黄色，旗瓣扁圆形，翼瓣近圆形，龙骨瓣先端卷曲半圈，具长距状附属物。荚果圆柱形，长5～9cm，无毛。种子椭球形，5～8mm×3.5～6mm，常暗棕红色，杂有花纹，种脐白色，不凹陷。花果期7—9月。

地理分布 原产于亚洲热带地区。余姚、北仑、奉化、宁海、象山有栽培。

主要用途 种子供食用；种子药用，具消肿利尿、解毒排脓等功效。

附种 **赤小豆 *V. umbellata***，茎上部常缠绕状；种子长椭球形，6～8mm×3mm，种脐凹陷。原产于华南。除市区外的全市各地均有归化。

赤小豆

351 绿豆

学名 **Vigna radiata** (Linn.) R. Wilczek　　属名 豇豆属

形态特征 一年生直立草本，高60～90cm。茎有时伸长成蔓生状，被褐色长硬毛。三出复叶，互生；托叶卵状披针形或卵状长圆形，盾状着生；顶生小叶片宽卵形或菱状卵形，6～16cm×3～7cm，全缘，先端渐尖，基部宽楔形、圆形或截形，两面被疏长毛，基部三脉明显；侧生小叶片偏斜。总状花序腋生；花萼宽钟状，萼齿狭三角形；花冠黄色，旗瓣肾圆形，翼瓣卵形，龙骨瓣先端极旋卷。荚果圆柱形，长6～9cm，被毛。种子绿色，有白色突出的种脐。花期6—7月，果期8月。

地理分布 原产于东南亚。全市各地均有栽培。

主要用途 种子食用；种子药用，具清热解毒、消暑、利水等功效。

352 豇豆

学名 **Vigna unguiculata** (Linn.) Walp.　　属名 豇豆属

形态特征　一年生草质藤本。茎无毛或近无毛。三出复叶，互生；托叶椭圆形或卵状披针形，盾状着生，下延成1短距；顶生小叶片菱状卵形，5～15cm×4～7cm，先端急尖，基部近截形或宽楔形；侧生小叶片斜卵形。总状花序，花4～6朵聚生于花序上部；花萼钟状，萼齿三角形至披针形；花冠淡紫色，旗瓣扁圆形，内有2胼胝状附属物，翼瓣倒卵状长圆形，龙骨瓣先端稍旋卷。荚果稍肉质，条状圆柱形，长20～30cm，下垂，嫩时坚实而不膨胀。种子肾形，长6～9mm。花果期5—10月。

地理分布　原产于亚洲东部。全市各地广泛栽培。

主要用途　嫩荚供食用；种子药用，具健脾补肾等功效。

附种1　**矮豇豆** subsp. ***cylindrica***，直立草本；荚果长7.5～13cm，直立或开展。全市各地均有栽培。

附种2　**长豇豆** subsp. ***sesquipedalis***，缠绕草本；荚果长30～70(90)cm，下垂，嫩时稍肉质，膨胀；种子长8～12mm。全市各地均有栽培。

长豇豆

矮豇豆

353 野豇豆

学名 **Vigna vexillata** (Linn.) A. Rich. 属名 豇豆属

形态特征 多年生缠绕草本。根圆柱形或纺锤形，肉质；茎具脱落性棕色粗毛。三出复叶，互生；托叶狭卵形至披针形，盾状着生；顶生小叶片变化大，宽卵形、菱状卵形至披针形，4～8cm×2～4.5cm，先端急尖至渐尖，基部圆形或近截形，两面被毛；侧生小叶片基部偏斜。总状花序，花序上部着生2～4花；花萼钟状，萼齿披针形或狭披针形；花冠紫红色、紫褐色或淡紫色，旗瓣近圆形，龙骨瓣先端喙状，具短距状附属物及瓣柄。荚果圆柱形，长4～14cm，被粗毛，顶端具喙。种子黑色，椭球形或近圆柱形。花期7—9月，果期10—11月。

分布与生境 见于除市区外全市各地；生于低海拔山坡林缘或旷野荒草地中。产于全省各地；分布于华东、华中、西南；印度、斯里兰卡也有。

主要用途 浙江省重点保护野生植物。作豇豆育种材料；根药用，具解毒益气、生津利咽等功效。

附种 山绿豆 *V. minima*，一年生缠绕草本；顶生小叶片卵形至条形，2～8cm×0.4～3cm；花冠黄色，龙骨瓣先端卷曲；荚果长3～5.5cm，无毛。见于除市区外全市各地；生于山坡、溪边、路旁草丛中。浙江省重点保护野生植物。

山绿豆

354 紫藤

学名 **Wisteria sinensis** (Sims) Sweet　**属名** 紫藤属

形态特征 落叶木质藤本。奇数羽状复叶，互生，小叶7～13，卵状长圆形至卵状披针形，4～11cm×2～5cm，先端渐尖至尾尖，基部圆钝或宽楔形，幼时两面被柔毛，后渐脱落。总状花序生于去年生枝顶，花序轴被柔毛，下垂，花密集；花萼宽钟状；花冠紫色至深紫色，旗瓣近圆形，翼瓣和龙骨瓣稍短，均有瓣柄及耳。荚果条形或条状倒披针形，长10～20cm，扁平，密被灰黄色绒毛。花期4—5月，果期5—10月。

分布与生境 见于除市区外全市各地；生于向阳山坡、沟谷疏林下、林缘或旷地灌草丛中；各地普遍栽培。产于全省山区、半山区；分布于辽宁、内蒙古以南各地。

主要用途 供庭院、公园观赏；花含芳香油，提取后亦可食用；茎或茎皮药用，具利水、除痹、杀虫等功效；花可食用。

中文名索引

H

M

N

T

W

X

Z

学名索引

D

S